マヌ34 25を連結した612列車。北陸本線・田村にてED70 5の付け替えが行われる。ED70形は登場当初、このように暖房装置を搭載し……年に電気暖房装置を取……3.31 田村　P：星　晃

JN008196

仙山線での、ED45 1＋暖房車ホヌ30形。同線は国内初の交流電化（仙台～作並）であり、ホヌ30形は作並機関区に配置されていた。　1960.2.28　作並　P：久保　敏

暖房車が比較的後年まで使用された代表的な線区が中央東線であった。色鮮やかな寒天干しの横を、EF13が暖房車マヌ34形を従えて駆け抜ける。

1971.12.30　茅野～青柳　P：RGG(荒川好夫)

東海道本線・米原～京都間は1956年11月に電化された。写真はその前月の撮影であり、マニ60形＋一般客車9両＋マヌ34形4両＋暖房車形式不明＋マニ60形＋クヤ99000＋EF58 91を連ねた試運転列車である。暖房車が5両も使用されている。

1956.10.10　京都駅東方　P：筏井満喜夫

スヤ1(スヤ51 1)本庁用は、後にマイフ97 1となり、特別列車に使用された。この写真はインドのプラサド大統領が来日した際に東京～京都間に運転された特別列車であり、左側からマロネ40 11＋御料車14号＋マイフ97 1が連なっている。1958.9.29　鴨川橋梁　P：筏井満喜夫

マヤ3(マヤ57 1)本庁用は、最後は試験車マヤ38 51となり、1970年に尾久にて廃車となった。特別職用車の中でもよく目立った車両である。
P：鈴木靖人

2021.10.2　京都鉄道博物館　P：藤田吾郎

スヤ6(スヤ48 1)本庁用は、最後はマロネフ59 1となり、廃車後は交通科学博物館に保存された。保存当初の帯色は規程に沿って淡緑色であった。現在は京都鉄道博物館にて保存展示されている。　1961.9.20　鷹取　P：星　晃

スヤ26(スヤ51 16)門鉄用は、建築限界測定車オヤ31 21に転用された。展望室が残り、その周りを矢羽根が囲む姿は、傑作ともいえる。九州旅客鉄道に承継ののち、2005年に門司港にて廃車となった。

1966.3.12　長崎　P：星　晃

スヤ29(スヤ51 18)札鉄用は、最後は保健車スヤ32 1となった。展望室部分が残り、後にさらに青色塗装に変更されて、スヤ32 2と並ぶ異色の存在であった。スヤ52 4とペアで使用され、1977年に札幌にて廃車となった。特別職用車の展望窓の形状は一部不明な車両もあるが、中央が少し高めとなるタイプは本車のみである可能性がある。

1974.10.6　札幌運転区
P：葛　英一

スヤ30(スヤ51 19)旭鉄用は、最後は保健車スヤ32 2となった。こちらもスヤ32 1と同様、展望室部分が残る。展望窓は高さの揃ったタイプであった。1976年に旭川にて廃車となった。

1974.10.7　旭川　P：葛　英一

リベットが打ち込まれた鋼板をキラリと輝かせて、機関庫に憩う大正生まれのホヌ30形。温もりを届け続けて40余年の貫禄。
1966　作並機関区　P：脇坂敏雄

はじめに

暖房車という車種が消えてから、既に30年の年月が経過した。客車列車に連結されて、煙をもくもく吐きながら走り去る姿も既に昔話となり、その活躍を知るファンも少なくなったようだ。そもそも暖房車が生まれた背景には、電気機関車の登場があった。客車の暖房は明治33年以降、蒸気機関車から送気される高圧蒸気による方法や、客車内に設置された石炭ストーブで暖を取る方法が一般的となり、以後大正年間までにほとんどの客車に整備されていった。だが、信越本線（横川～軽井沢間）、東海道本線（東京～国府津間）の客車列車が電気機関車によりけん引されるようになると、その暖房方法が問題となった。機関車にボイラーを搭載することや、電気暖房を採用することも検討

されたが、当時はまだ技術的に不安が残っていた。そこで、石炭焚きのボイラーを搭載した暖房車という車輌をつくり、ここから蒸気を送気する方法を採用した。その後、直流電化線区が延びる度に暖房車の増備が進められ、最盛期の昭和30年代には107輌が在籍した。だが、電気機関車に重油焚きの蒸気発生装置（SG）が搭載されると、やがてこの方式が一般的となっていった。戦後になると交流電化区間を中心に客車への電気暖房装置の取付が促進され、混合列車用にはウェバスト式暖房装置を取付ける工事も行なわれ、暖房車の活躍は狭められていった。そして、昭和47年度をもってその活躍に終止符が打たれた。本書は暖房車の約50年にわたる歩みを、車輌史という視点からまとめたものである。

当時の上野発大阪行の急行「北陸」は、上越線・北陸本線を経由していた。牽引する敦賀機関区のDD50 2、DD50 4にはSG装置が搭載されていないため、東海道線からコンバートしたマヌ34形が連結されている。
1955年頃　細呂木〜牛ノ谷　P：佐竹保雄

客車暖房事始め

暖房車を語る前に、少々客車の暖房の事始めに触れておきたい。何につけ、初めて実施されたのはいつ？と問われて即答できることは少ない。特に明治時代の事となるとなおさらで、資料が少ない上に孫引きされた伝聞が一人歩きしていることもあり確証はできない。もちろん客車の暖房についてもはっきりしていることは少ない。

明治５年に鉄道が開業した際は暖房装置がなく、乗客は寒さに耐えていた。もっとも新橋から横浜ならば乗車時間も約１時間程度であったので特に問題はなかったと言える。だが、次第に路線が延びるにしたがい冬の旅行は苦痛が伴なうものとなり、乗客側は自衛策として毛布などを持ち込んだ。上等の乗客には始発駅でブリキ製の湯たんぽが配られたと言うが、これは車輌搭載の暖房装置というものではなく、あくまでも温脚用の駅備品である。

暖房装置と呼べるものがはじめて登場したのは、明治13年にアメリカより輸入された開拓使号に取付けられた石炭ストーブと言われている。これは現在でも小樽交通記念館に展示されており、タコの頭に似ていることからタコストーブとも呼ばれる。ファンの間ではダルマストーブと言う呼び方の方が親しみやすいようだ。その後、客車が国産化されるに従いダルマストーブも国産のものに移っていった。

蒸気機関車の高圧蒸気を使用した蒸気暖房が登場するのは明治33年12月１日で、東海道本線(新橋～神戸間)で使用されたと言われている。その後、電気機関車が登場すると蒸気の発生源が無くなり、暖房が不可能となった。そこで、蒸気を発生させるためのボイラーを持った暖房車が必要となったのである。

昭和23年までに登場した暖房車

電気機関車と共に出現した暖房車であるが、ここでは大正10年に登場したピフ形から昭和23年までに登場したオヌ6950形に至る７タイプについて解説する。なお、タイトルは記述の都合から戦後の改番後の形式番号を用いていることをご了承願いたい。

ヌ600形(←ヌ6000形←ヌ9050形←ピ１形)

暖房車という車種の起源を遡って行くと、ピブ１形という歯車付緩急車(以下歯車車と略す)につき当たる。この歯車車という貨車は、信越本線の横川～軽井沢間(以下横軽間と略す)の急勾配用のいわば補助ブレーキ車で、この区間だけに運用される独特の貨車であった。

以下、佐藤進一氏が鉄道友の会客車気動車部会報に

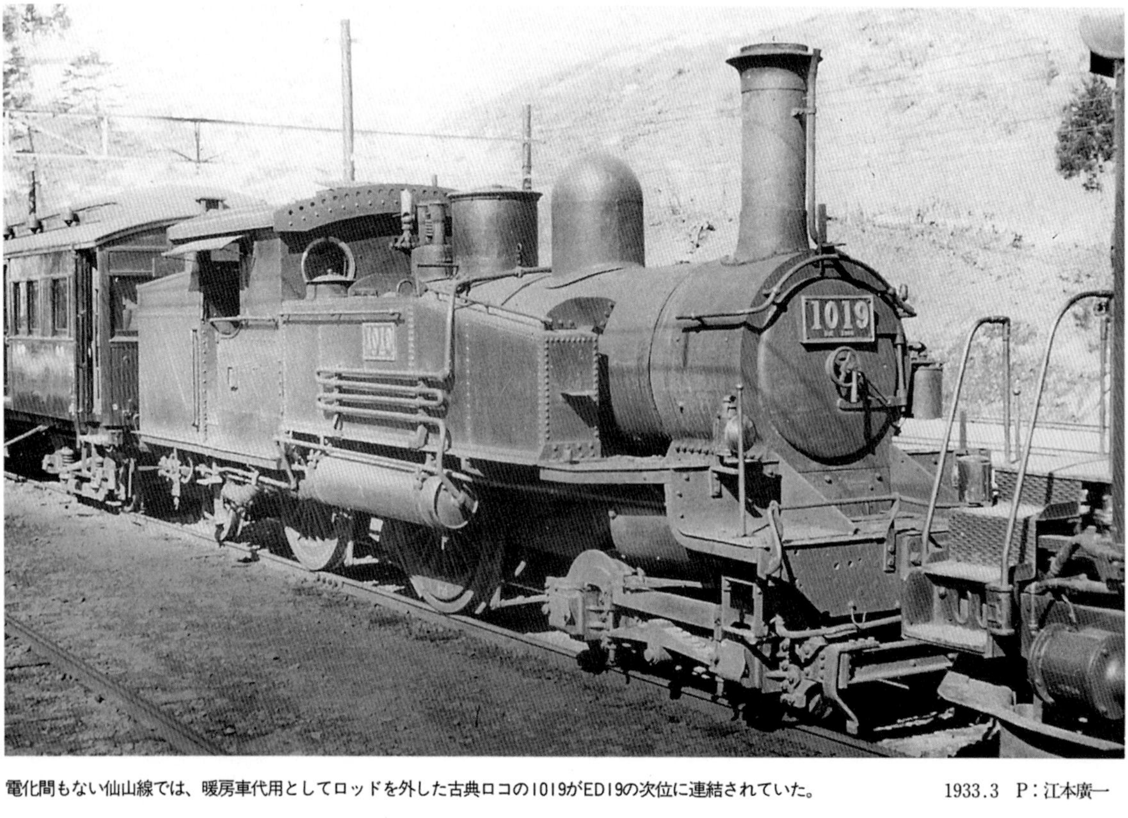

電化間もない仙山線では、暖房車代用としてロッドを外した古典ロコの1019がED19の次位に連結されていた。　1933.3　P：江本廣一

まとめられた「貨物緩急車(歯車付)とその暖房車化について」を参考にしながら要約をまとめてみる。

まず、この歯車車の使用開始時期であるが、横川機関区有志が昭和58年に発行した『阿武止氏機関車』によれば、横軽間が開通した3年後の明治29年6月1日からで、1輌ないし2輌を列車に連結して使用したと記されている。歯車車の概要については、トレビシック略図に掲載のBH形有ガイ貨車を改造した3軸車と言われ、通常の車輪用ブレーキのほか、ラックレールと噛み合った状態の歯車軸にもブレーキを設けていた。さらに歯車軸に作用する非常用の太鼓形ブレーキ(ハンドブレーキ)を備えたので、都合3種のブレーキにより機関車の制動力を補った。このほか、車内に水タンクを備え、水をまきながらブレーキを冷やしたとされる。

また、明治44年発行の貨車略図を解読すると、歯車車はピブ1形(1～6)、ピブ2形(7～11)、ピブ3形(12～15)の計15輌が新橋工場、長野工場で有ガイ貨車を種車として改造され、明治44年9月1日の改番ではそれぞれピフ140形(140～145)、ピフ146形(146～150)、ピフ151形(151～154)となった。

昭和28年の改番直後のヌ602。改番前のヌ6002の0をひとつ消しただけであることがわかる。　1953.9.6　大宮機関区　P：江本廣一

その後、歯車車に暖房缶（ボイラー）を搭載する工事が、大正10年から12年にかけて7輌に施工されたと当時の鉄道統計年報に掲載されている。横軽間は明治45年5月11日からAGE製の10000形(後のEC40形)電気

■歯車車ピ1形形式図

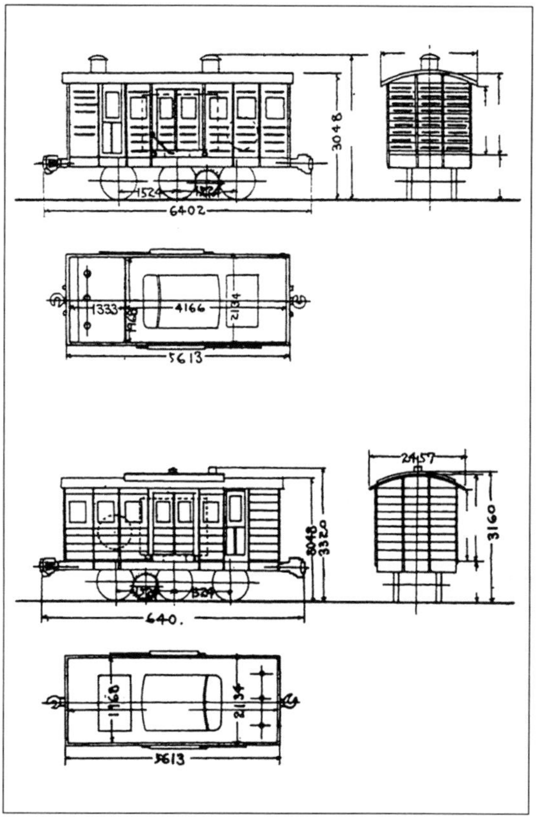

昭和3年に発行された貨車形式図に掲載のピ1～6（上)、ピ7～11(下)。このうちの7輌に暖房用のボイラーが搭載されて客車列車に連結された。昭和6年には貫通ブレーキがほぼ完備されたことから歯車車は廃止され、車種を貨車から客車に変更してヌ9050形となった。

■歯車付緩急車の履歴表

明治29年改造		明治44年改番		暖房缶	昭和3年改番		昭和6年改造		昭和7年改造		昭和28年改番	
ピブ1形	1	ピフ140形	140	○	ピ1形	1	ヌ9050形	9050	ヌ6000形	6000	ヌ600形	600
	2		141	○		2		9051		6001		601
	3		142	○		3		9052		6002		602
	4		143			4		—		—		—
	5		144	○		5		9053		6003		603
	6		145	○		6		9054		6004		604
ピブ2形	7	ピフ146形	146	○	ピ1形	7		9055		6005		605
	8		147	○		8		9056		6006		—
	9		148			9		—		—		—
	10		149			10		—		—		—
	11		150			11		—		—		—
ピブ3形	12	ピフ151形	151		ピ30形	31		—		—		—
	13		152			32		—		—		—
	14		153			33		—		—		—
	15		154			34		—		—		—

ボイラー側より撮影したヌ601。横川～軽井沢間のアプト区間用として使用された暖房車で、元は歯車車のピ2である。さらに遡れば、その起源は明治30年に製造されたBH形有ガイ貨車と言われ、この時点でも車歴60年の古典車輌であった。 1958.8.23 横川機関区 P：佐竹保雄

乗務員室側より撮影したヌ604。こちら側から見ると貨車と言ったほうが相応しい。車番標記の上の四角い標記は客車用のPFブレーキ装置を取り付けた車輌を示す。PF形はP形三動弁を用いたもので、国産のA形三動弁が出来るまでの旧式の装置であった。 1958.8.23 横川機関区 P：佐竹保雄

■ヌ600形(← ヌ6000形)履歴表

歯車車化改造			明治44年改番		昭和３年改番		昭和６年改造		２軸化改造				昭和28年改番		改造・廃車	
形式	番号	年月日	形式	番号	形式	番号	形式	番号	形式	番号	年月日	工場	記号	番号	最終配置	年月日
ピブ	1	1897	ピフ	140	ピ	1	ヌ	9050	ヌ	6000	7-12	大宮	ヌ	600	横川	33-5-30
ピブ	2	1897	ピフ	141	ピ	2	ヌ	9051	ヌ	6001	7-12	大宮	ヌ	601	横川	33-5-30
ピブ	3	1897	ピフ	142	ピ	3	ヌ	9052	ヌ	6002	7-12	大宮	ヌ	602	横川	33-5-30
ピブ	5	1897	ピフ	144	ピ	5	ヌ	9053	ヌ	6003	7-12	大宮	ヌ	603	横川	33-5-30
ピブ	6	1897	ピフ	145	ピ	6	ヌ	9054	ヌ	6004	7-12	大宮	ヌ	604	横川	33-5-30
ピブ	7	1901	ピフ	146	ピ	7	ヌ	9055	ヌ	6005	7-12	大宮	ヌ	605	横川	33-5-30
ピブ	8	1901	ピフ	147	ピ	8	ヌ	9056	ヌ	6006	7-12	大宮			横川	22-2

機関車の使用を開始し、大正10年５月11日からは電気機関車のみの使用となった。短区間とは言え当時は約１時間を要した上、地形の関係から冬の寒さはひときわ厳しく、とても無暖房で我慢してもらう訳にはいかなかった。これを解決するために歯車車の空きスペースに暖房缶を設置したのである。

改造した歯車車は、ピフ140形の140～142・144・145とピフ146形の146・147の７輌で、記号番号の変更はなかった。昭和３年の改番では旧ピフ140形はピ１形（１～６）、旧ピフ146形はピ１形の続番（７～11）、旧ピフ151形はピ30形(31～34)となったが、暖房缶の有無は番号区分には反映されていない。なお、暖房缶を搭載した後の姿は箱型の有ガイ貨車スタイルだったのか、それとも後年に見られる缶むき出しのスタイルだったかは、手元に写真が残されていないので不明である。

ところで、歯車車が必要となった理由のひとつに、空気制動筒（ブレーキシリンダ）のない貨車が多かったことが挙げられる。今から考えれば信じられないが、鉄道創業期のブレーキ装置は機関車の蒸気ブレーキが主で、客貨車には手ブレーキまたはフットブレーキが付いているだけで貫通ブレーキはなかった。その後、ほとんどの車輌に真空又は自動空気ブレーキが整備されると歯車車は不要となり、昭和６年10月15日から使用を廃止した。

このうち暖房缶付きの７輌は昭和６年に歯車設備を撤去して貨車から客車に車種変更し、ヌ9050形(9050～9056)とした。さらに翌年には３軸から２軸に改造してヌ6000形(6000～6006)とした。昭和12年11月10日に仙山線作並～山寺間が電化すると、２輌が作並機関区に転属している。

戦後はヌ6006が昭和22年に廃車となり、昭和28年の改番でヌ600形(600～605)に変更された。しかし、種車が明治中期の古典車であることから老朽化が目立ち、昭和33年に全車廃車となっている。

ヌ600。PF形ブレーキ装置の標記が無いことから、AV形ブレーキ装置を取り付けていたようだ。1958.8.23　横川機関区　P：佐竹保雄

ホヌ30形(←ホヌ6800形←ホヌ20200形)

東海道本線(東京～国府津間)と横須賀線(大船～横須賀間)は、大正14年12月13日に電化工事が完成して、電気機関車による客車のけん引がはじまった。さらに大正15年１月29日には国府津～小田原間も電化した。当初は暖房を行なわなかったようだが、これでは耐えられないため、翌年になり初の鋼製暖房車が製造された。形式番号はホヌ20200形で、大正15年11月から12月にかけて、小倉工場と苗穂工場で15輌が製造された。当時、鋼製車輌の製造技術は発展途上でもあったが、両工場とも保有する技術を駆使してまとめ上げた。

当初、ホヌ20200形を名乗っていた理由は、広軌改築準備用として長軸を採用した台車(TR11など)をはく基本形客車は20000代としていたので、長軸台車をはく暖房車もその仲間としてみなされたためだ。しかし昭和３年の改番では鋼製客車としての形式は与えられず、雑型客車に分類されてホヌ6800形となってしまった。

さて、この車輌は車体長が6.8ｍとたいへん短いものであった。形状はけん引される電気機関車に合わせたスタイルと言われるが、蒸気機関車の炭水車(テンダー)に似せたと言った方がよいかと思われる。屋根上には水雷型通風器が付くなど木製客車の香りも残っていた。台車は当初は貨車用のTR18をはいていたが、貨車で脱線事故が発生したため、マクラバネを改造してTR19としたようだ。火床面積は0.8㎡であるが、常用圧力は6.0kg/㎠である。自重は空車時が21ｔで運転整備時が26.8ｔである。積載量は水が３ｔ、石炭が0.48ｔ。

当時の新鋭機であった6010形(ED53形→ED19形)、8010形(EF51形)などと共に東海道電化の黎明期に活躍した。 昭和６年４月１日に中央本線(八王子～甲府間)、昭和６年９月１日に上越線(水上～石打間)、昭和12年11月10日に仙山線(山寺～作並間)、昭和24年４月24日に奥羽本線(福島～米沢間)が電化開業すると甲府、水上、作並、福島の各機関区に転属していった。さらに水郡線用として水戸へも配置された。水郡線は非電化線区であったが、8620形蒸気機関車がけん引する通勤・通学列車をDD13形のけん引に置換える際に暖房車が必要となったのである。ディーゼル機関車と暖房車の妙な組合わせは昭和35年から昭和47年春頃まで水戸～常陸大子・常陸太田間で見ることができた。これはホヌ30形のラストシーンでもあった。

上越線用として転属したホヌ6804。東海道線用として製造されたホヌ6800形であったが、その後の編成長大化などにより常用圧力６kg／㎠では不足気味となった。このため、スヌ6850形が製造されると、ホヌ6800～6807の７輌は上越線用として水上機関区に転属していった。車体はリベットだらけで、屋根上には水雷型通風器と化粧煙突が取り付けられるなど、大正期に製造された車輌の特徴が散見される。　水上機関区　P：鈴木靖人

■ホヌ30形(←ホヌ6800形)履歴表

昭和3年以前		昭和3年改番		昭和24年改番		落成		改造・廃車	
形式	番号	形式	番号	形式	番号	年月日	工場	最終配置	年月日
ホヌ	20200	ホヌ	6800	ホヌ30	1	T15-11	小倉	盛岡	44-6-30
ホヌ	20201	ホヌ	6801	ホヌ30	2	T15-11	小倉	福島	43-10-10
ホヌ	20202	ホヌ	6802	ホヌ30	3	T15-11	小倉	福島	41-7-30
ホヌ	20203	ホヌ	6803	ホヌ30	4	T15-11	小倉	水戸	47-7-11
ホヌ	20204	ホヌ	6804	ホヌ30	5	T15-11	小倉	水戸	47-7-11
ホヌ	20205	ホヌ	6805	ホヌ30	6	T15-11	苗穂	福島	43-10-10
ホヌ	20206	ホヌ	6806	ホヌ30	7	T15-11	苗穂	水戸	47-7-11
ホヌ	20207	ホヌ	6807	ホヌ30	8	T15-11	苗穂	福島	43-3-30
ホヌ	20208	ホヌ	6808	ホヌ30	9	T15-11	苗穂	福島	43-3-30
ホヌ	20209	ホヌ	6809	ホヌ30	10	T15-12	苗穂	八王子	43-11-14
ホヌ	20210	ホヌ	6810	ホヌ30	11	T15-12	苗穂	八王子	45-5-31
ホヌ	20211	ホヌ	6811	ホヌ30	12	T15-12	苗穂	八王子	45-5-31
ホヌ	20212	ホヌ	6812	ホヌ30	13	T15-12	苗穂	甲府	45-5-31
ホヌ	20213	ホヌ	6813	ホヌ30	14	T15-12	苗穂	福島	43-3-30
ホヌ	20214	ホヌ	6814	ホヌ30	15	T15-12	苗穂	仙台	43-10-10

二軸ボギー暖房車　　形式 ホヌ 30

番号 ホヌ 301~3015

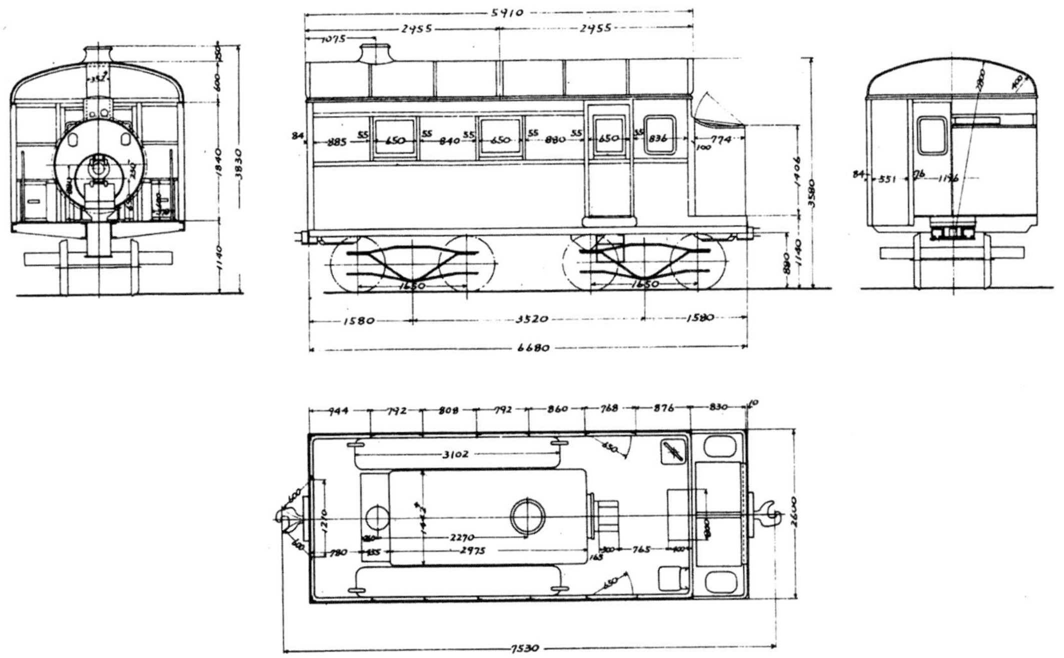

常用圧力	6 kg／cm²	運転整備重量	26.8 t	ボギー	TR19
火床面積	0.8 m²	空車重量	20.39~22.86 t	車軸種類	基本10 t 長軸
全伝熱面積	23.1 m²	罐水容積	2.25 m³	製造所	小倉、苗穂
(煙管)	19.4 m²	水槽容積	3.07 m³	製造年	大正15年
(燃焼室)	2.4 m²	積載燃料重量	0.48 t	親図面表	V805
(火室)	1.3 m²	煙管(径×長×数)	51×1000×121	形式図々面番号	VC8300

中央本線用として使用されるホヌ30 12。ED16の次位に連結され甲府へ向かう。戦後の姿であるため、乗務員室の扉付近には〝OFF LIMITS TO ALLIED PERSONNEL〟の標記がある。また、所属標記は名コフとなっているが、これは甲府が名古屋鉄道管理局の管内となっていたからである。

1950.11.16 新宿 P：伊藤 昭

ED17に連結され留置中のホヌ30 12。煙突に回転式火の粉止めが取り付けられたほか、妻面下部に形式番号が記された点に注目したい。この車輌はその後も八王子に配置され、マヌ34形の予備車となっていた。昭和45年10月にホヌ30 11と共に廃車された。 1959.3.29 八王子機関区 P：佐竹保雄

奥羽本線用のホヌ30 1。板谷峠が電化された昭和24年に転属した車輌である。この時点では炭庫がかさ上げされていないが、今回の入場に際して改造された可能性もある。なお、福島第二機関区の配置車であっても浜松工場に入場することは珍しいことではなかった。1955.11.14　浜松工場　P：佐竹保雄

ホヌ30 15。中央本線用であるが、化粧煙突のままで回転式火の粉止めは取り付けられていない。所属と形式番号の標記は上段に東コフ、下段にホヌ30 15と記されているが、昭和28年頃まではホヌ30 1の写真のように左側に配置、右側に形式番号が記されていた。1959.3.28　甲府機関区　P：佐竹保雄

夏休み中のホヌ30 8。昭和24年から活躍した板谷峠用のホヌ30であったが、客車に電気暖房装置を取り付けることにより不要となり、昭和43年10月のダイヤ改正の前に姿を消している。

1963.7.14　福島第二機関区　P：佐竹保雄

ホヌ30 1のTR19台車。貨車用としておなじみのアーチバー式で、車軸は長軸となっている。

1955.11.14　浜松工場
P：佐竹保雄

奥羽本線用のホヌ30 9。浜松工場でのホヌ30 1と比べると炭庫がかさ上げされており、側面にオーバーフローパイプが取り付けられた点が異なっている。

1954.10.22 福島第二機関区
P：佐竹保雄

スヌ31形(←スヌ6850形)

本格的な大型暖房車で、昭和4年に3輌、同6年に21輌の計24輌が登場した。製造は川崎車輌と日本車輌である。

車体長は10mに延長され、台車はTR23となりだいぶ客車らしくなってきた。火床面積は0.85m²で常用圧力は10kg/cm²とホヌ30形に比べるとかなり向上している。自重は空車時が30.15tで運転整備時が37.6t。炭水積載量は水が5.2t、石炭は0.8tである。

当初は東海道本線(東京~国府津間)用として全て国府津機関庫に配置されたが、昭和9年12月1日の丹那トンネル開通後は沼津機関庫に転属となった。スヌ31形は戦前のエース的な存在で優等列車はもちろんのこと、お召列車に使用されることも多かった。リベットだらけの重厚なスタイルは、舶来ロコやダブルルーフの客車に挟まれるとさらに映え、古き佳き鉄道省時代の美しさが伝わってくる。

ところでスヌ31形最大の謎は戦時中に発生した2輌の廃車である。この2輌はスヌ6872・6873で、いずれも昭和19年12月4日付で廃車となっている。この時期には東海道本線で暖房車が絡む大きな列車事故はなく、空襲についても発生していない。燃料不足のため休車となっていた可能性は高いが、廃車にする必要性はない。その後、筆者も色々調べていたところ、暖房車のほか国鉄電車史について長年研究されている堀口洋平氏から、私見という観点で大変興味のあるお話を伺った。それはこの2輌が朝鮮総督府鉄道(以下鮮鉄と略す)に供出されたのではないか?ということである。

堀口氏によれば、昭和15年に京元線(京城~元山間)のうち内福渓~高山間の59.2kmが直流3000Vで電化され、続いて京慶線(京城~慶州間)のうち内堤川~豊基間の50.7kmが昭和20年までに電化され、そのうちどちらかの線にスヌ6872と6873を投入したのではないかと推測されている。台車がTR23であれば広軌化は容易で、その可能性は高いと見ている。

この両線区には急勾配区間が存在し、東芝府中工場などで製造したF級電気機関車のデロイ形、デロニ形が投入されて活躍していた。当時の写真は残されてお

二軸ボギー暖房車　　形式　スヌ　31

番　号　スヌ　311~3122(除314.3118)
〃　31100~31101(空気圧縮機付)

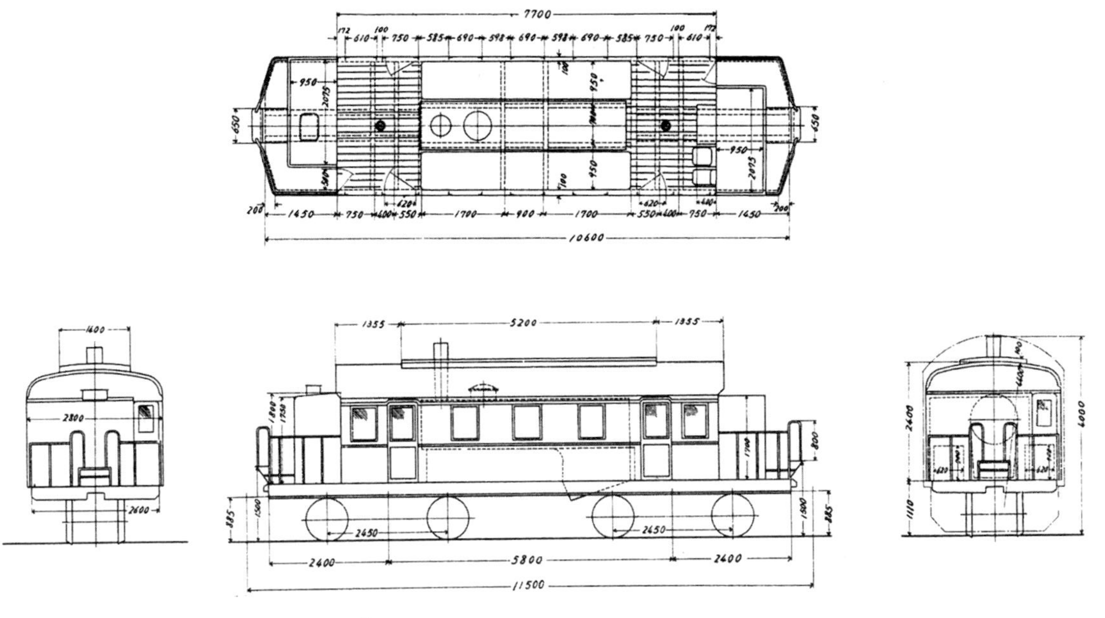

常用圧力	10kg/cm²	運転整備重量		ボギー	TR23
罐の蒸発量		空車重量	29.70~30.62t	車軸	12t長軸
火床面積	0.85m²	罐水容積	1.7m³	製造所	川崎、日車
全伝熱面積	27.1m²	水槽容積	7m³	製造年	昭和4.6年
(煙管)	22.0m²	積載燃料重量	2t	親図面表	V813
(火室)		煙管(径×長×数)	51×1980×77	形式図々面番号	VC03370

戦前に撮影されたスヌ6850形トップナンバーの姿。スヌ6850は後にスヌ31 1となる車輌で、製造当初は東海道線用のエースとして活躍した。常用圧力を10kg／㎠と大幅にアップして長大編成に対応している。
品川　P：鈴木靖人

スヌ6850形の車内。狭い車内にボイラと水槽が収められている。
P所蔵：前里　孝

らず、その後の南北分断により調査することは不可能となったが、『鉄道ジャーナル』誌の通巻第25号(1969年８月号)の24頁にヒタ１形(ヒーター車)というスヌ31形に類似した車輌が掲載されており、これが今のところ唯一の手がかりといえる。しかし、リベットが少なく見え、石炭搭載部が大型化しているので戦後製のオヌ33形に似ている。もしかしたらこれは戦後に日本から渡った別の車輌で、スヌ31形はほかに存在したのかも知れない。

いずれにしてもこの２輌については謎も多く、鮮鉄OBの方に伺っても確証は取れていない。読者諸兄の中でご存知のことがあればお知らせ願いたい。

尾久機関区配置のスヌ31 19。大宮～高崎操車場は1952年4月1日に電化されており，その関係で高崎まで運用されたようだ。
1952.3.21 高崎 P：伊藤　昭

阪和線用のスヌ31 1。阪和電鉄を買収した線区であるため当然ながら電化しており、紀勢本線への直通客車列車は電機が牽引。このため、戦後になってスヌ31形が転属した。スヌ31 1は国鉄最後の暖房車として昭和48年３月に廃車となるまで活躍した。　1956.6.10 竜華機関区　P：佐竹保雄

DD50に連結されるスヌ31 2。北陸本線用として米原から遠く金沢まで足を延ばしていた。このあと東海道線の全線電化によりマヌ34形が投入されると、阪和線用として竜華機関区に転属していった。
1953.12.30　米原機関区　P：佐竹保雄

中央本線用のスヌ31 22。スヌ6850形時代に2輌が廃車となっていたことから、この車輌がスヌ31形の実質的なラストナンバーであった。長らく東海道線で活躍したが、甲府機関区に配置されていた頃に回転式火の粉止めが取り付けられたようだ。
1959.3.28　甲府機関区　P：佐竹保雄

高崎線用のスヌ31 10。当時の高崎機関区には暖房車が集中して配置されていた。写真はEF53 1の次位に連結されて、オハネ17 2054ほかの出場試運転に供されている姿。ヨンサントウ以降は上野駅に暖房車が現れることは激減し、昭和44年度中に全廃となった。　1963.10.25 上野 P：三宅俊彦

■スヌ31形(←スヌ6850形)履歴表

昭和24年以前		昭和24年改番		落　成			改造・廃車	
形式	番号	形式	番号	年月日	製造所	軍接収	最終配置	年月日
スヌ	6850	スヌ31	1	4-12	川車		竜華	48-3-24
スヌ	6851	スヌ31	2	4-12	川車		竜華	48-3-24
スヌ	6852	スヌ31	3	4-12-6	川車		長岡	43-10-15
スヌ	6853	スヌ31	100	6-2-21	川車	3503	高崎	45-1-22
スヌ	6854	スヌ31	5	6-2-27	川車		福島	45-7-7
スヌ	6855	スヌ31	6	6-4-1	川車		長岡	43-10-19
スヌ	6856	スヌ31	7	6-4-1	川車		高崎	45-1-22
スヌ	6857	スヌ31	8	6-9-29	日車		高崎	45-1-22
スヌ	6858	スヌ31	9	6-9-29	日車		姫路	44-3-31
スヌ	6859	スヌ31	10	6-10-1	日車		高崎	45-1-22
スヌ	6860	スヌ31	11	6-10-1	日車		高崎	45-1-22
スヌ	6861	スヌ31	12	6-10-1	日車		高崎	45-1-22
スヌ	6862	スヌ31	13	6-9-15	日車		長岡	43-10-15
スヌ	6863	スヌ31	14	6-9-15	日車		高崎	45-1-22
スヌ	6864	スヌ31	15	6-9-26	日車		高崎	45-1-22
スヌ	6865	スヌ31	16	6-9-16	日車		高崎	45-1-22
スヌ	6866	スヌ31	17	6-9-23	日車		長岡	43-10-15
スヌ	6867	スヌ31	101	6-9-26	川車	3501	高崎	45-1-22
スヌ	6868	スヌ31	19	6-10-3	日車		高崎	45-1-22
スヌ	6869	スヌ31	20	6-10-20	日車		高崎	45-1-22
スヌ	6870	スヌ31	21	6-10-8	日車		福島	47-1-5
スヌ	6871	スヌ31	22	6-10-10	日車		東京	43-11-14
スヌ	6872	――		6-10-20	日車			19-12-4
スヌ	6873	――		6-10-20	日車			19-12-4

板谷峠の急勾配を下る422列車。回生ブレーキを唸らせるEF16 9に続き、ホヌ30形、戦災復旧荷物車、オハニ61形などが連結されて終着駅福島をめざす。　1957.1.11　板谷～峠　P：佐竹保雄

ナヌ32形(←ナヌ6900形)

中央本線(飯田町～甲府間)用の暖房車である。昭和９年に川崎車輌で３輌、昭和11年に日立製作所で２輌が製造された。車体は９ｍと少し短くなり、台車はワキ１形などがはく高速貨車用のTR24となっている。火床面積は0.7㎡で常用圧力は10kg/㎠。自重は空車時が22.3ｔ、運転整備時が27.5ｔ。炭水の積載量は水が3.5ｔ、石炭が0.7ｔである。

暖房車の中で一番変化のなかった形式で、２輌が上越線で使用されたこともあったが、再び八王子(現車は田端)と甲府に配置された。晩年は予備車となっていて昭和45年までに姿を消した。

オヌ33　1・100(←オヌ6880・6881)

昭和11年に日本車輌で２輌のみ製造された暖房車である。同時期に登場したナヌ6900形が中央本線用なのに対し、こちらは暖房車が不足していた東海道本線用で同年１月31日より使用が開始された。外観上はスヌ31形(スヌ6850形)とそっくりであるが、リベットがシルヘッダーなどを除いて消えており、全体的に溶接により組み立てられている。また、屋根は肩部のRがきつくなったが上部のRは緩くなり、平べったい形状となった。側面では、屋根部に取付けられていた水切りが側扉の上に取付けられている。台車はTR23。火床面積は0.84㎡で常用圧力は10kg/㎠。自重は空車時が26.5ｔ、運転整備時が34.3ｔで、スヌ31形と比べると３ｔ程度軽量化されたことがわかる。

オヌ33　3～12(←オヌ6882～6891)

オヌ6880形は戦前の２輌のみで打ち切られることはなく、昭和22年11月から翌年３月にかけて10輌が増備されている。製造は富山県富山市にあった立山重工業で、B20形蒸気機関車の製造でも知られるところである。

この戦後製オヌ6880形は、台車をコロ軸受のTR34に変更したくらいで戦前製とはあまり差異はない。もっとも戦後の混乱も収まっていない頃なので、新規設計などできる状況ではなかったそうだ。

オヌ33　13・14(←オヌ6950・6951)

昭和23年12月に増備した暖房車で、こちらも立山重工業で２輌が製造された。オヌ6882以降との変更点は石炭と水の積載量を増加させた点である。このため自重が26.55ｔから26.65ｔと0.1ｔ程重くなっている。なお、立山重工業は昭和24年に倒産して道益産業という会社に改組している。

■ナヌ32形(←ナヌ6900形)履歴表

昭和24年以前		昭和24年改番		落　成			改造・廃車	
形式	番号	形式	番号	年月日	製造所	配置	最終配置	年月日
ナヌ	6900	ナヌ32	1	9-10	川車	甲府	八王子	43-11-14
ナヌ	6901	ナヌ32	2	9-10	川車	甲府	甲府	45-2-19
ナヌ	6902	ナヌ32	3	9-10	川車	甲府	甲府	45-2-19
ナヌ	6903	ナヌ32	4	11-1-31	日立	水上	甲府	45-2-19
ナヌ	6904	ナヌ32	5	11-1-31	日立	水上	甲府	45-2-19

■オヌ33形(←オヌ6880形)履歴表　　　下段はオヌ33形(←オヌ6950形)

昭和24年以前		昭和24年改番		落　成			改造・廃車	
形式	番号	形式	番号	年月日	製造所	軍接収	最終配置	年月日
オヌ	6880	オヌ33	1	11-1-31	日車		長岡	43-10-15
オヌ	6881	オヌ33	100	11-1-31	日車	3502	長野	47-4-24
オヌ	6882	オヌ33	3	22-11-17	立山		長岡	44-4-7
オヌ	6883	オヌ33	4	22-12-2	立山		長岡	45-10-28
オヌ	6884	オヌ33	5	22-11-22	立山		長岡	43-10-15
オヌ	6885	オヌ33	6	23-1-5	立山		長岡	43-10-15
オヌ	6886	オヌ33	7	23-1-29	立山		長岡	44-7-7
オヌ	6887	オヌ33	8	23-2-5	立山		甲府	45-2-19
オヌ	6888	オヌ33	9	23-2-7	立山		長岡	43-10-15
オヌ	6889	オヌ33	10	23-3-18	立山		高崎	45-1-22
オヌ	6890	オヌ33	11	23-3-19	立山		高崎	45-1-22
オヌ	6891	オヌ33	12	23-3-22	立山		水戸	45-1-22

昭和24年以前		昭和24年改番		落　成		改造・廃車	
形式	番号	形式	番号	年月日	製造所	最終配置	年月日
オヌ6950		オヌ33	13	23-12-21	立山	長野	46-8-1
オヌ6951		オヌ33	14	23-12-27	立山	長野	47-4-25

ナヌ6903。日立製のナヌ6903と6904は上越線用として使用された。車体標記には〝東〟のみで配置場所は記されていない。水上機関区　P：鈴木靖人

二軸ボギー暖房車　　形式　ナヌ　32

番号　ナヌ　321～325

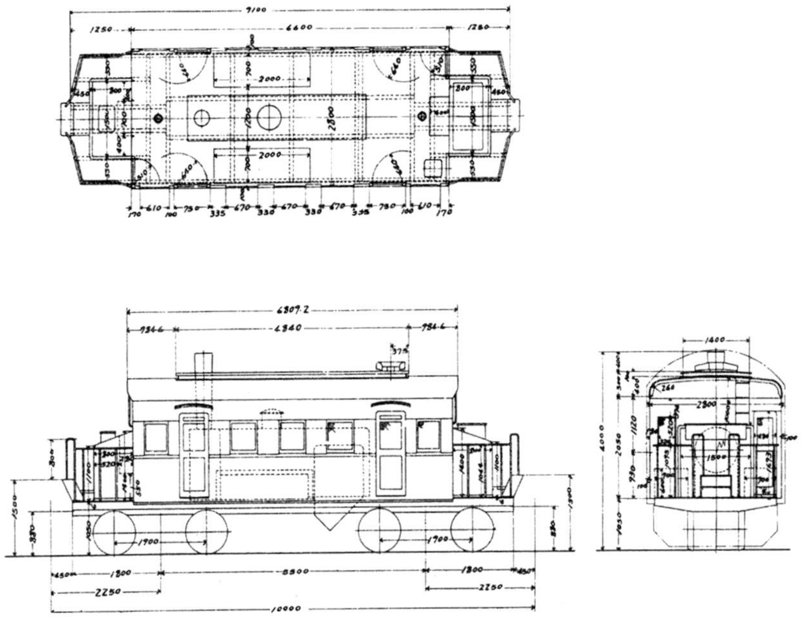

常用圧力	10kg／cm²	運転整備重量	27.52 t	ボギー	TR24
罐の蒸発量	600kg／h	空車重量	21.98～22.32 t	車軸	12 t 長軸
火床面積	0.7 m²	罐水容積	1.5 m³	製造所	川崎、日立、日車
全伝熱面積	23.0 m²	水槽容積	3.5 m³	製造年	昭和9．11年
(煙管)	19.4 m²	積載燃料重量	0.7 t	線図面表	VC167
(火室)	3.6 m²	煙管(径×長×数)	45×1950×79	形式図々面番号	VC0494

中央東線用のナヌ32 1。東海道線などからマヌ34形が転属してくると、ナヌ32形は主役の座から降ろされた。その後は予備車となっていたが、甲府や八王子機関区は構内が狭く留置場所が無いため、久里浜や田端などに疎開されていた。　1964.11.11　久里浜機関支区　P：豊永泰太郎

ナヌ32 1。煙突に回転式火の粉止めを取り付けている。ナヌ32は1が八王子配置で昭和43年に廃車となり、 2～4は甲府配置で昭和45年に廃車となった。晩年は予備車となっていて本線で活躍することは稀であった。　1960.10.21　尾久客車区　P：佐竹保雄

ナヌ32 2。全検出場後で美しい姿をしている。標記も西コフとなっており、最末期を捉えたものである。炭庫がかさ上げされているが、回転式火の粉止めは取り付けられていない。
1970年頃　甲府機関区　P：笹本健次

ナヌ32 5。ナヌ32形のラストナンバーである。シーズンオフは、このように東京まで足を延ばして休みを取ったのち、工場に入場してボイラーの検査などを受けた。
1963.4.12　尾久客車区　P：佐竹保雄

二軸ボギー暖房車　　形式　オヌ　33

番号　**オヌ**　331～3312（除332）
〃　33100（空気圧縮機付）

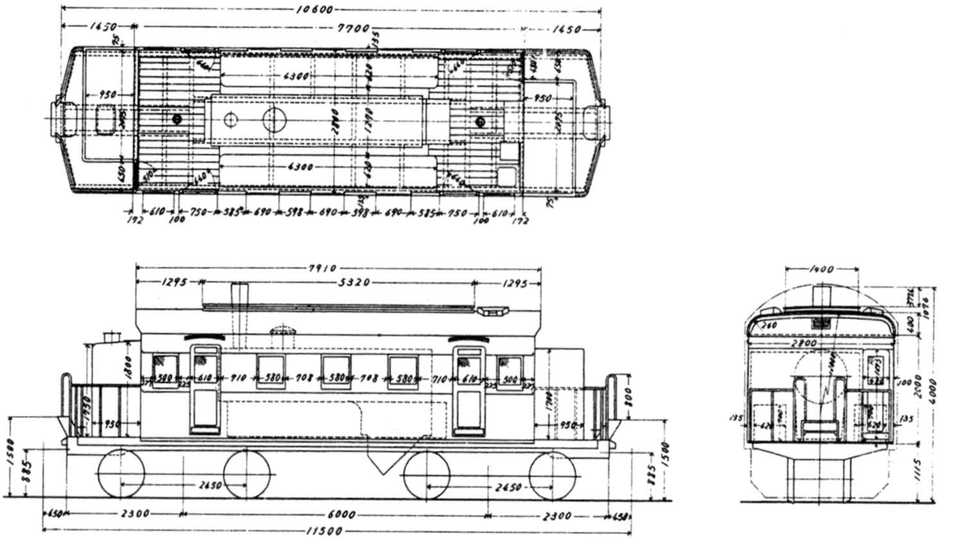

常用圧力	10kg／cm^2	運転整備重量		ボギー	-- TR23
罐の蒸発量	800kg／h	空車重量	26.33～34.00 t	車軸	12t長軸
火床面積	0.84m^2	罐水容積	1.8m^3	製造所	日車、立山
全伝熱面積	28.6m^2	水槽容積	7 m^3	製造年	昭和11. 22. 23年
(煙管)	23.4m^2	積載燃料重量	2 t	親図面表	V0168
(火室)	5.2m^2	煙管(径×長×数)	51×2100×77	形式図々面番号	VC03371

二軸ボギー暖房車　　形式　オヌ　33

番号　**オヌ**　3313．3314

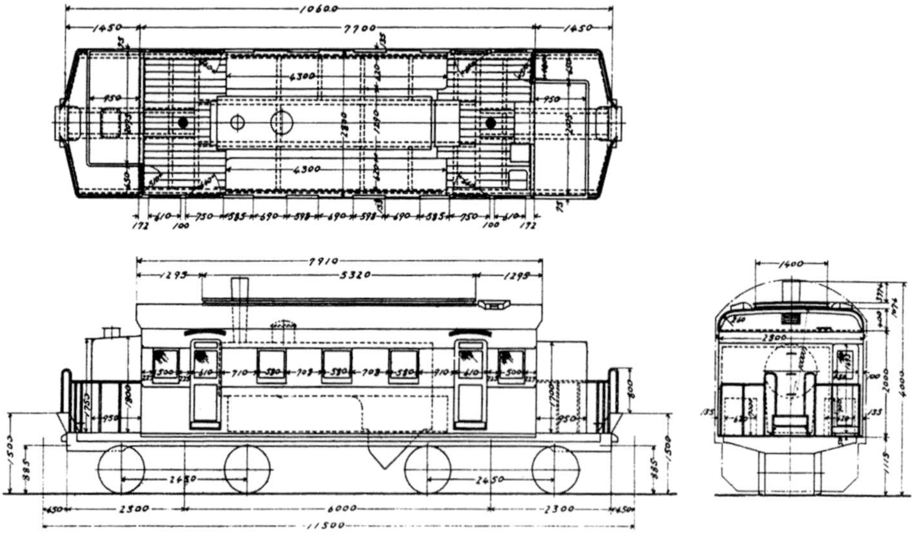

常用圧力	10kg／cm^2	運転整備重量		ボギー	TR34
罐の蒸発量	800kg／h	空車重量	26.65 t	車軸	12 t 長軸
火床面積	0.84m^2	罐水容積	1.8m^3	製造所	立山
全伝熱面積	28 6m^2	水槽容積	7 m^3	製造年	昭和23年
(煙管)	23.4m^2	積載燃燃重量	2 t	親図面表	V0343
(火室)	5.2m^2	煙管(径×長×数)	51×2100×77	形式図々面番号	VC03338

高崎・上越線用のオヌ33 3。戦後製造されたオヌ6882を改番した車輌である。リベットが少なくなり、屋根が平べったい姿となったが、スヌ31形とは大きな差異は無い。EF15、EF16、EF53、EF55の牽引する客車列車に連結されていた。　1963.11.24　高崎第二機関区　P：佐竹保雄

オヌ33 5。長岡第二機関区（新ナカニ）のオヌ33は、清水トンネルなど長大トンネルを通過するため、回転式火の粉止めのほか、風を誘導するために大きな整風板を取り付けていることが特徴である。　1959.8.28　長岡第二機関区　P：佐竹保雄

予備車として待機するオヌ33 10。東北本線では電気暖房付きの客車が多数投入され、牽引機もボイラーを搭載したEF56以降のF級機が主役であったため暖房車の出番は少ない。しかし、故障時の予備車として高崎より数輌が貸し渡されていた。　1963.3.3　宇都宮機関区　P：豊永泰太郎

EF55に連結されるオヌ33 14。この車輌はオヌ6951として昭和23年に立山重工業で製造されたもの。当初より石炭と水の積載量を増大していたタイプである。末期は長野に転属して昭和47年まで活躍した。　1955.3.3　高崎第二機関区　P：佐竹保雄

スヌ6850形とオヌ6880形の炭水容量増加工事

■炭水容量増加工事計画表(昭和24年7月東鉄工作部機関車課)

下表以外は長野工機部で施工した。大宮工機部(8輌)

種別＼月別	8月	9月	10月
甲種修繕併施	※スヌ3502(東京)	※スヌ3501(東京)	
臨時入場	スヌ6871(沼津) スヌ6869(沼津)	スヌ6856(沼津) オヌ6882(高崎)	※スヌ3501(東京) スヌ6888(沼津)

※は連合軍接収車。浜松工機部(20輌)

種別＼月別	7月	8月	9月	10月
甲種修繕併施	スヌ6863(沼津) スヌ6862(沼津) スヌ6866(沼津)	スヌ6859(沼津) スヌ6855(沼津) スヌ6864(沼津)	スヌ6858(沼津) スヌ6870(沼津) スヌ6865(沼津)	スヌ6851(沼津) スヌ6868(沼津)
臨時入場		オヌ6889(沼津)	スヌ6854(沼津) スヌ6852(沼津)	スヌ6857(沼津) スヌ6860(沼津) スヌ6861(沼津) スヌ6890(沼津) スヌ6891(沼津)

スヌ6850形とオヌ6880形の2形式は、昭和24年7月から10月にかけて炭水の積載重量を水を7t、石炭を2tに増加する工事を施工することになった。これは東海道本線の浜松電化に対応するもので、オヌ6950形(後のオヌ33　13・14)の積載量に合わせた。1輌あたりの改造費は約50,000円で、改造日数は約10日とした。改造は大宮工機部で8輌、浜松工機部で19輌、長野工機部で5輌の合計32輌に施工された。大宮と浜松の計画表は上表のとおりである。

連合軍に接収された暖房車

戦後になり多くの客車が特別軍用客車向指定車として接収されたが、その中に暖房車が3輌含まれていた。

形式番号はスヌ6853・6867、オヌ6881でいずれも戦前製であった。軍用客車としての指定はいずれも昭和21年10月30日で、軍番号はスヌ6853が3503、スヌ6867が3501、オヌ6881が3502となった。なお、接収にあたり空気圧縮機(コンプレッサー)を搭載したが、履歴簿によればスヌ6853(3503)の大宮工機部からの出場は昭和21年12月14日、スヌ6867(3501)は同年11月6日であるので、軍用指定を受けたあとに改造を行なったものと考えられる。ちなみに水槽の上に圧縮空気の冷却パイプがあるのが特徴となっている。空気圧縮機を搭載した理由は水揚装置を作動させるためであった。水タンクから便所や洗面所に水を揚げるためには、補助空気ダメからブレーキ用の圧縮空気を使用する。しかし機関車が外れて圧力が低下した際は水揚げができなくなるため、補助用の空気圧縮機が必要となったのである。この車輌は「東横浜駅構内に高官用の特別車を留置、待機させる際に使用した」と、星　晃氏は『連合軍とその時代』の中で書かれている。なお、指定の解除は3輌ともに昭和24年6月9日であった。昭和24年7月に暖房車が改番される際には、空気圧縮機を搭載していたことから100番代に区分された。これによりスヌ6853はスヌ31 100、スヌ6867は、スヌ31 101、オヌ6881はオヌ33 100となった。

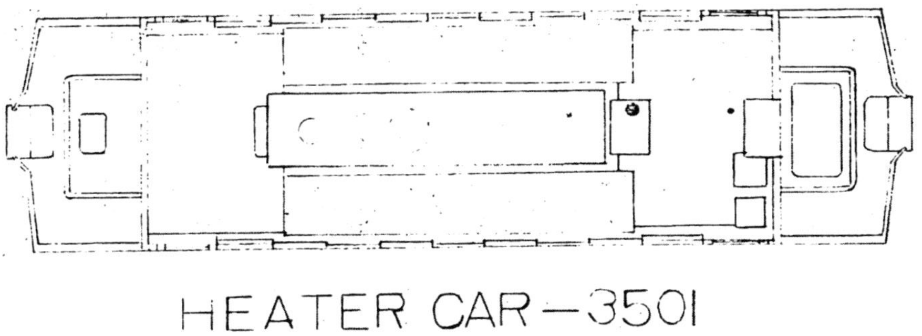

スヌ6867の平面図。連合軍第3鉄道輸送司令部(MRS)から発行されたPICTORIAL CAR DRAWINGという青図面集から転載したもので、車種はHEATER CAR-3501となっている。
提供：星　晃

コンプレッサー搭載のスヌ31 100。スヌ6853は連合軍の接収を受けた際に空気圧縮機（コンプレッサー）を搭載し、接収解除後にスヌ31 100へ改番された。この後も空気圧縮機は撤去されず、結局廃車となるまでそのままであった。　1956.11.10　田端機関区　P：佐竹保雄

前位側より見たスヌ31 100。上の写真では炭庫に発電機が取り付けられているのがわかるが、前位側の水タンクの上には圧縮空気を冷却するために、空気管がつづら折れに付いている。また、足廻りにも各種の配管がむき出しになっている。　1954.10.20　高崎第二機関区　P：佐竹保雄

コンプレッサー搭載のオヌ33 100。元は昭和11年に日本車輌で製造されたオヌ6881である。写真は高崎第二機関区当時のものだが、このあと長野機関区に転属したのち、昭和47年まで活躍した。
1954.10.20　高崎第二機関区　P：佐竹保雄

長野に転属してからのオヌ33 100。2位側（水タンク側）の上部より撮影した写真で、煙突や手摺、通風器の配置がよくわかる。煙突や安全弁の部分が別屋根になっているが、これはボイラーの取り外しを考慮した構造のため。
1966.10.1　長野機関区　P：佐竹保雄

暖房車の改番について

昭和24年7月に暖房車は改番が行なわれている。ファンとしては突然実施されたように感じるが、実はこの改番は以前より準備が進められていたものであった。客車の大改番は昭和16年11月に実施され、例えばスハ32800ならばスハ32 1というように形式の次に番号を添えたスタイルとなった。しかし、暖房車は登場時より雑型客車と同じく4桁スタイルとなっており、戦後になってもそのまま踏襲されていた。そこで、スヌ6850形とオヌ6880形の炭水容量の増加工事に合わせて、一般型客車と同様のスタイルに変更することにした。このあたりの正確な達示としては、国鉄作第47号として昭和24年7月24日に工作局長と運転局長の連名により鋼製暖房車の番号変更という件名で出されている(下表参照)。

この達の注記として以下のような文がある。客車ファンとしては興味深いものなので全文を掲載する(※原文は縦書き)。

(註)

従來暖房車は番号の分類上全て雑形客車として取扱われているが、國鉄の暖房車のうち鋼製のものは六八〇〇形式を除き車体幅がいずれも二八〇〇〇粍の二軸ボギー車であり車両称号規定第五條に示されている定義によれば当然鋼製二軸ボギー客車と称して扱うことが正しく、六八〇〇形式も同じ扱をする方が便利である。

よつて今年度一部暖房車につき水及石炭積載量増加の改造工事を施工する機会に現行の鋼製客車の形式及番号附與方式に従い鋼製暖房車の形式及び番号変更を行うこととした。

なお車両称号規定第五條によればボギー客車の構造による定義は次の通りである。

雑形とは中形採用以前の製造に係るもの又は車体断面の中形より小なるもの。

中形とは明治四十三年制定の形に依る車両にして從來基本形と称したるもの。

大形とは大正八年度以降新製の車体幅二八〇〇粍のもの。

鋼製とは大正十五年度以降新製の鋼製車(車両の大きさは大形と殆ど同じ)を謂ふ。

さらに、当時客貨車課員で改番の担当者でもあった星 晃氏に改番のいきさつを伺う機会を得た。星氏によれば昭和16年に改番を実施するのをうっかり忘れたのが原因だろうとおっしゃられた。暖房車は客車という分類でありながら実際の配置や乗務員は機関区が受持っている。公式な機関車の配置表を見ると暖房車を含んで掲載していることも多く、逆に客車配置表では暖房車は除かれることがあるように、その扱いには曖昧な部分もある。このため、当時の担当者もれっきとした鋼製2軸ボギー客車である暖房車のことをあまり気にせず、そして誰も気付かぬまま戦後に至ったと言うのが真相であるようだ。

國鉄作第四七号
昭和二十四年七月二十五日

工作局長
運轉局長

東、名、新、仙鉄局長　殿(連名各通)

鋼製暖房車の番号変更について
首題について次表により、工機部入場の都度(当分入場の機会のない車は保管機関区において)標記の書替を実施されたい。

旧			新	
形　式	記　号	番　号	形　式	番　号
6800	ホヌ	6800-6814	ホヌ30	ホヌ301-ホヌ3015
6850	スヌ	6850-6852	スヌ31	スヌ311-スヌ313
〃	〃	6853	〃	スヌ31100
〃	〃	6854-6866	〃	スヌ315-スヌ3117
〃	〃	6867	〃	スヌ31101
〃	〃	6868-6871	〃	スヌ3119-スヌ3112
6880	オヌ	6880	オヌ33	オヌ331
〃	〃	6881	〃	オヌ33100
〃	〃	6882-6891	〃	オヌ333-オヌ3312
6900	ナヌ	6900-6904	ナヌ32	ナヌ321-ナヌ325
6950	オヌ	6950-6951	オヌ33	オヌ3313-オヌ3314
スヌ31100，31101，オヌ33100は空氣圧縮機付				

深刻な暖房車不足

石炭不足は昭和22年頃がもっとも深刻だったが、翌年からはかなり改善が図られてきた。このため運輸省としてはサービス向上の観点からもできるだけ多くの列車に暖房用の蒸気を送気できるように暖房車の増備計画を練っていた。だが、昭和24年に東海道本線(沼津～浜松間)、奥羽本線(福島～米沢間)が電化された際、GHQが暖房車の新製を認めなかったため、石炭事情は好転しているのに暖房できないという矛盾が生じた。これでは乗客からの不満の声が高まるのは必至と考えられた。当時の暖房車は62輌在籍しており、その内訳は大型のスヌ31形、オヌ33形が計36輌、中型のホヌ30形、ナヌ32形が計20輌、小型のヌ6000形が６輌であった。中型は東海道本線と上越線には使用不適で、小型は信越本線、仙山線以外は使用不能とされていた。また、オヌ6880は戦災を受けていて大宮工機部構内で休車となっていた。運転局の計画としては70輌が必要所要数となっていて、増備が中止されたままでは約９輌分が不足することになった。とりあえず戦災車の復旧と東海道本線の103列車・104列車の電気暖房化を急ぎ、昭和24年11月末日までに完了させた。これにより一部の列車を除き暖房化はできたが、現有の暖房車はほとんど予備車のない状態となるので、何としても昭和24年冬までに数輌の新車が必要となっていた。

マヌ34形の登場

暖房車の殿(しんがり)として、昭和24年に登場したのがマヌ34形である。前述したように、GHQにより客車の新製は３等車も含めて認められなかったことや、資材が不足していたこともあり、鋼体化客車と同じように部品流用による改造名義となった。設計は暖房缶が動力車設計課、車体関係や客貨車設計課が行なった。車体長は13mで暖房車としては最大となった。台ワクはトキ900形からの流用で、上回りは溶接構造となった。運転室窓付近は幕板帯をやめて窓を高くした。空気ブレーキ装置は渦巻きチリトリ、締切コック、肘コックについてはトキ900形のものを使用したが、ブレーキシリンダや引棒などは新品とした。連結装置はトキ900形のものを整備の上使用した。台車はスロ60形・61形を鋼体化改造した際に残ったTR11を流用することにした。その際、車軸はトキ900形の12t短軸を流用したが、軸箱のメタル、マクラバネは新製した。これにより台車形式はTR44となった。

車体は、妻中央部の上方に通風装置を取付けた。４位側には狭幅の落とし窓のほか運転士用腰掛を取付け、３位側には後部デッキに通ずる鉄製開戸を設けた。車体の幅は2,800mm＋(2.3mm×２)＝2,804.6mmで、屋根の幅を2,810mmとして車体外板にかぶせる構造とした。

炭庫の積載量は3.0tで、焚口の関係で石炭の最下位は台ワク部より高くなった。その下部は道具入れとして活用した。水タンクは２分割して中央部を通路とした。水の積載量は7.1tである。暖房缶は第１種休車中の2120形蒸気機関車の缶を改造して流用することにした。煙室部は吐出筒口関係を撤去して、下部に在来の暖房缶に用いられるシンダ取出口を備えた箱型板細工による煙室受を新製した。火室部は前膨張受と後膨張受を改造して高さを調整できるようにした。

缶の安全弁は取付座との間に安全弁座を新設して高さを増大し、頭部を屋根より出して吹出し時の蒸気を外気に導くようにした。缶被いは火室側下部が従来は欠除されていたが、床板部まで被うことにした。また、加減弁装置の撤去した部分や蒸気ドームの高さを短縮した部分を加修した。暖房安全弁、暖房用圧力計を新設し、従来の缶圧力計を移動して両圧力計を同一板に取付けた。

改造時には暖房缶は甲種修繕に相当する修繕ならびに検査を行なうものとした。2120形のボイラーを流用することにより火床面積は1.31m^2、常用圧力は12.5kg/cm^2へと増強された。そのほか、蒸気ドームは、缶中心がレール面上で空車時に2,480mm、中バリ上1,435mmとなり車体天井板に支障するので、蒸気ドームの上蓋を195mm切詰めた。煙突は車輌限界に抵触するので上部を350mm切詰め、その代わりに下部を100mm延長して煙突の効果が減少することを防止した。缶本体から加減弁装置関係を撤去したため、煙室管板の乾煙管取付孔と加減弁引棒の詰物座を撤去した後の孔は溶接してふさぐことにした。灰箱と灰箱装置は従来の暖房車に準じたものを新設した。火格子はそのままとしたが火格子装置などは変更した。

マヌ34形は、台ワクの組立から本線試運転に至るまで、１輌あたり24日間の工程が組まれた。まずはじめに昭和24年12月に浜松工機部で７輌が改造されて、東海道本線用として充当したのに続き、翌年９月から11月にかけて浜松工場(昭和25年８月より工機部から工場へ改称)で10輌、郡山工場で12輌が改造された。前回の改造車では後部の灰箱容量が不足であったが、これは設計上増大化できないので、増備車では灰箱近くに生蒸気を噴出できるようにして、溜まった灰を前方に吹き落とすようにした。また、煙室内の吐出筒口などを撤去した代わりに通風装置を付けたが、効果が不十

マヌ34 5の公式写真。戦後に登場したマヌ34形は、暖房車の中で最も大型で、スマートな形状にまとまっている。マヌ34 1〜7は昭和24年製の1次車で、マヌ34 8以降とは細部が異なる。
写真所蔵：星 晃

分であったため多孔式に変更した。蒸気分配室の通風と暖房止弁は位置が前方に寄っていたのでエルボー形止弁取付座を設けて操作を容易にしている。なお、マヌ34形の自重は空車時は32.24ｔ、運転整備時は45ｔであるが、増備車では0.24ｔ程軽くなっている。

マヌ34形が全車出揃うとスヌ31形の大半は他区へ転属した。さらに、東海道本線が昭和31年に全線電化されると、マヌ34形は予備車を除き北陸本線や中央本線用として分散されていった。

■マヌ34形履歴表

		種車	落　成			改造・廃車	
形式	番号	番号	年月日	工場	配置	最終配置	年月日
マヌ34	1	2338	24-12-17	浜松	浜松	甲府	45-11-26
マヌ34	2	2177	24-12-19	浜松	浜松	甲府	46- 8 -11
マヌ34	3	2285	24-12-19	浜松	浜松	中津川	45-11-26
マヌ34	4	2306	24-12-22	浜松	浜松	甲府	46- 8 -11
マヌ34	5	2330	24-12-24	浜松	浜松	甲府	46- 8 -11
マヌ34	6	2282	24-12-22	浜松	浜松	中津川	45-11-26
マヌ34	7	2320	24-12-24	浜松	浜松	甲府	45- 2 -19
マヌ34	8	2144	25- 9 -11	浜松	浜松	甲府	46- 8 -11
マヌ34	9	2259	25- 9 -16	浜松	浜松	甲府	46- 8 -11
マヌ34	10	2195	25- 9 -25	浜松	浜松	甲府	47- 4 -25
マヌ34	11	2350	25- 9 -28	浜松	浜松	甲府	47- 4 -25
マヌ34	12	2302	25-10- 5	浜松	沼津	甲府	45- 2 -19
マヌ34	13	2171	25-10-10	浜松	沼津	甲府	46- 8 -11
マヌ34	14	2130	25-10-11	浜松	沼津	甲府	47- 4 -25
マヌ34	15	2289	25-10-23	浜松	沼津	甲府	46- 8 -11
マヌ34	16	2316	25-10-25	浜松	沼津	甲府	47- 4 -26
マヌ34	17	2301	25-10-31	浜松	沼津	甲府	45- 2 -19
マヌ34	18	2360	25- 8 -23	郡山	沼津	中津川	45-11-26
マヌ34	19	2298	25- 8 -30	郡山	浜松	甲府	46- 8 -11
マヌ34	20	2343	25- 9 -10	郡山	沼津	米原	45-10-28
マヌ34	21	2336	25- 9 -20	郡山	浜松	中津川	45-11- 6
マヌ34	22	2299	25- 9 -25	郡山	東京	甲府	47- 4 -16
マヌ34	23	2264	25- 9 -30	郡山	東京	甲府	46- 8 -11
マヌ34	24	2188	25-10-20	郡山	東京	中津川	45-11-26
マヌ34	25	2237	25-10-24	郡山	東京	中津川	45-11-26
マヌ34	26	2275	25-10-28	郡山	東京	甲府	46- 8 -11
マヌ34	27	2132	25-10-30	郡山	東京	甲府	47- 4 -25
マヌ34	28	2168	25-10-31	郡山	東京	米原	45-10-28
マヌ34	29	2225	25-11- 8	郡山	東京	甲府	46- 8 -11

トップナンバーのマヌ34 1。東海道本線が全線電化した後も、SG装置非搭載機や故障時に対応してマヌ34形の一部は浜松に残置した。マヌ34　1は1次車なので、乗務員室の窓にもウインドーヘッダーが通っている。後に甲府へ転属して昭和45年に廃車となった。

1959.8.18　浜松機関区　P：佐竹保雄

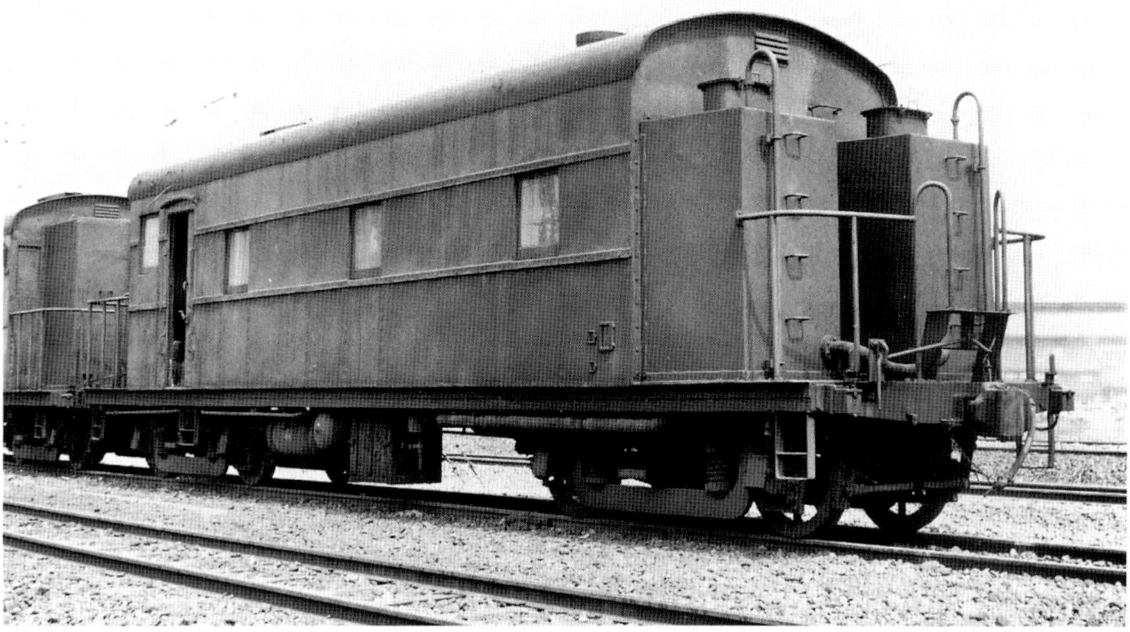

マヌ34 2。水タンク側より撮影した写真である。この水タンクは2つに分割しており、その中央部分は通路となっている。この車輌も後に甲府に転属して中央本線用となり、昭和46年に廃車された。

1959.3.28　敦賀第二機関区　P：佐竹保雄

マヌ34 10。手ブレーキのロッドなどの張り方がよくわかる。東海道本線全線電化前の姿であるが、このあとEF58が出揃うと一気に転属がはじまり、このマヌ34 10も竜華に転属して阪和線用となった。
1955.11.14　浜松工場　P：佐竹保雄

1位側より見たマヌ34 14。床下には水タンクからボイラーにつながる太い配管や、蓄電池箱、ブレーキ用のエアタンクが2個取り付けられている。この車輛は浜松より尾久に転属した後、最終的には甲府に落ち着いた。昭和47年に廃車となるまで中央本線で活躍した。

北陸本線用のマヌ34 21。これはDD50用として敦賀機関区に配置されていた頃の写真である。晩年は米原〜田村間の短区間用となっていたDD50も、当初は米原〜金沢間のロングランに使用され、これに伴って暖房車が必要とされた。
1955.7.19　敦賀　P：佐竹保雄

マヌ34 28。こちらは北陸本線が交流電化されてからの写真である。米原駅の地上設備の都合から交流電機の交換は一つ手前の田村駅で行なうことになった。このため、直通する客車列車用として、米原には暖房車が配置されていた。
1960.12.14　米原機関区　P：佐竹保雄

二軸ボギー暖房車

番号　マヌ　341～347

形式　マヌ　34

（缶は2120形蒸気機関車のもの
台ワク及び自連はトキ900のもの
ボギーはトキ900の12t短軸を使ってTR11を改造したもの）

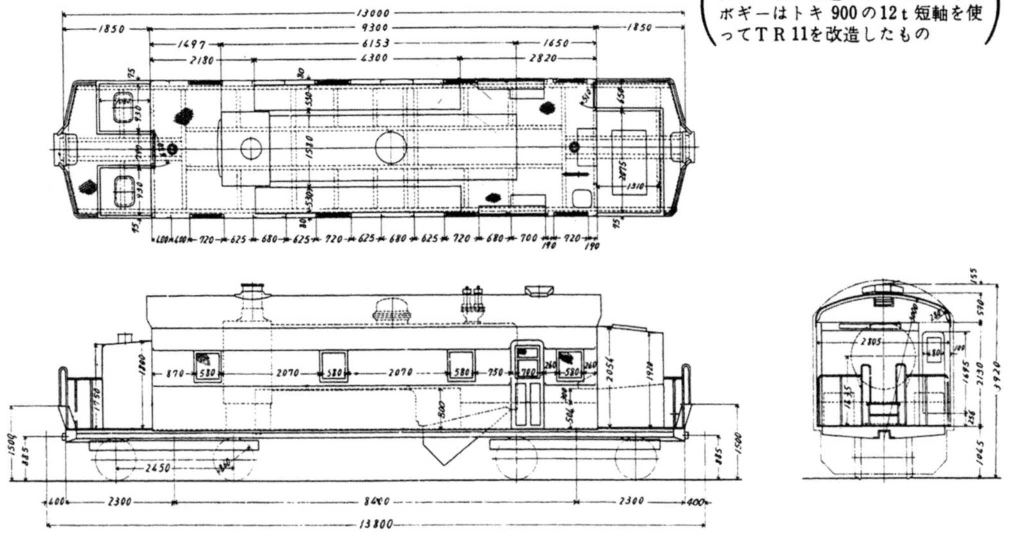

常用圧力	125,110kg／cm²	運転整備重量	45t	ボギー	TR44
罐の蒸発量		空車重量	32.24t	車軸	12t短軸
火床面積	1.31m²	罐水容積	3m³	製造所	浜松
全伝熱面積	84.4m²	水槽容積	7m³	製造年	昭和24年
（煙管）	75.7m²	積載燃料重量	3t	親図面表	V0358
（火室）	8.7m²	煙管(径×長×数)	45×3140×192	形式図々面番号	VC03373

二軸ボギー暖房車

番号　マヌ　348～3429

形式　マヌ　34

（缶は2120形蒸気機関車のもの
台ワク及び自連はトキ900のもの
ボギーはトキ900の12t短軸を使ってTR11を改造したもの）

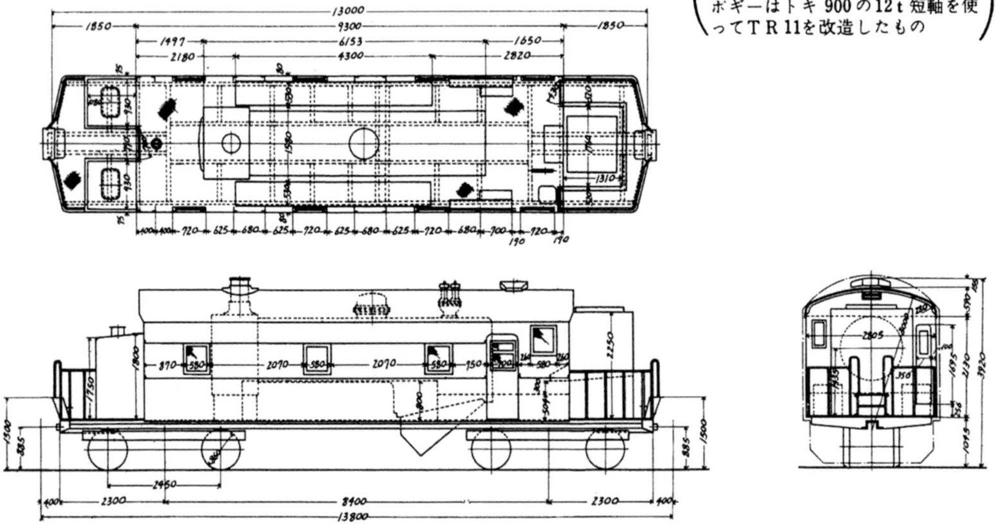

常用圧力	12.5,11.0kg／cm²	運転整備重量	45t	ボギー	TR44
罐の蒸発量		空車重量	32t	車軸	12t短軸
火床面積	1.31m²	罐水容積	3m³	製造所	浜松、郡山
全伝熱面積	84.4m²	水槽容積	7m³	製造年	昭和25年
（煙管）	75.7m²	積載燃料重量	3t	親図面表	V0358
（火室）	8.7m²	煙管(径×長×数)	45×3140×192	形式図々面番号	VC03400

ED45 11が牽引する仙山線の客車列車。仙山線は昭和30年より交流電化のモデル線区として各種試験が行なわれた。しかしED44やED45はSG装置がないため暖房車が継続して使われた。仙台のマヌ34形はその後甲府へ転属してゆき、残ったホヌ30形もED78の本格投入で全廃となった。

1958.3.10　仙台　P：星 晃

お召し列車の暖房車。お召し列車に使用されるからといって特別に装飾されることはないが、全般検査を受けたうえ手摺などを白く塗るなど整備が施された。東京発着の場合はスヌ31 22が多く用いられたようである。写真は第8回国民体育大会に御臨席された天皇陛下が帰京される際のお召し列車である。これはEF58 60がはじめてお召し列車を牽引した記念すべきカットで、SG装置が万一故障した際に備えてスヌ31 22を連結している。

1953.10.28　名古屋　P：佐竹保雄

簡易暖房車のヌ100形とヌ200形

北海道などでは貨車との混結によるいわゆる〝混合列車″が多く存在した。蒸気機関車の次位に客車が連結されれば良いが、貨物列車にぶら下がった編成となると暖房は全く断たれる。このため、客車の車内にはダルマストーブが設置され車掌が管理するという形態が長年続いていた。しかし、客車が１～２輌だけならば問題は少ないが、４～５輌もあると車掌の業務も増大するし、防火の点からも直接火を扱う石炭ストーブは好ましくない。このため、札幌鉄道管理局内で車掌車にボイラーを搭載して簡易暖房車に改造するアイデアが生まれた。種車としたのは有ガイ緩急車のワフ25000形で改造は苗穂工場で施工された。改造要領はワフ25000形の上回りを撤去し、新製した暖房缶、水槽、炭庫を39頁の図のように配置した。水タンクへの注水は屋根上より取入れ、石炭は側面(奇数側)にある扉を開けて入れた。車体長は７ｍで、自重は空車時が14.1ｔ、運転整備時は18.0ｔ。缶の火床面積は3.2㎡で常用圧力は５kg/㎠。炭水の積載量は水が２ｔ、石炭は0.5ｔである。

昭和26年３月に１輌目が出場したのち、同年12月から翌年１月にかけて４輌が増備された。この時までは車掌車(貨車)に分類されていてヨ7000形となっていた。しかし、車輌管理上問題があることから、次に記すトキ900形を種車とする増備車が出場する際にヌ1000形という形式に変更となった。

昭和27年３月以降に増備された15輌は、種車がトキ900形となった。しかし、流用した部品は連結装置、ブレーキ装置のみなどで他は新製された。増備車の外観上の差異は車体中央部の側窓が高い位置となった点である。ヌ1000形は20輌が改造されたが、昭和28年の改番でヌ100形に改められた。このため、昭和29年に広島工場で改造した５輌は旧番を持っていない。

ヌ100形は北海道内で使用されることになったが、一部は本州で花輪線などの混合列車にも用いたようだ。昭和32年には６輌が横軽間用のヌ600形の置替え用としてボイラーなどの改造を受けてヌ200形(ヌ200～205)となった。北海道内においても客貨分離が進んだこと、客車にウェバスト式温気暖房装置を搭載したこと、ディーゼル動車の配置輌数が増えたことなどの理由で簡易暖房車は不要となり、ヌ100形は昭和41年度ま

二軸暖房車　　形式　ヌ　100

番　号　　ヌ　100～1019（除105～1010）　　(元ヌ1000)

(自連、緩衝装置及びブレーキ装置はトキ900のものを再用する)

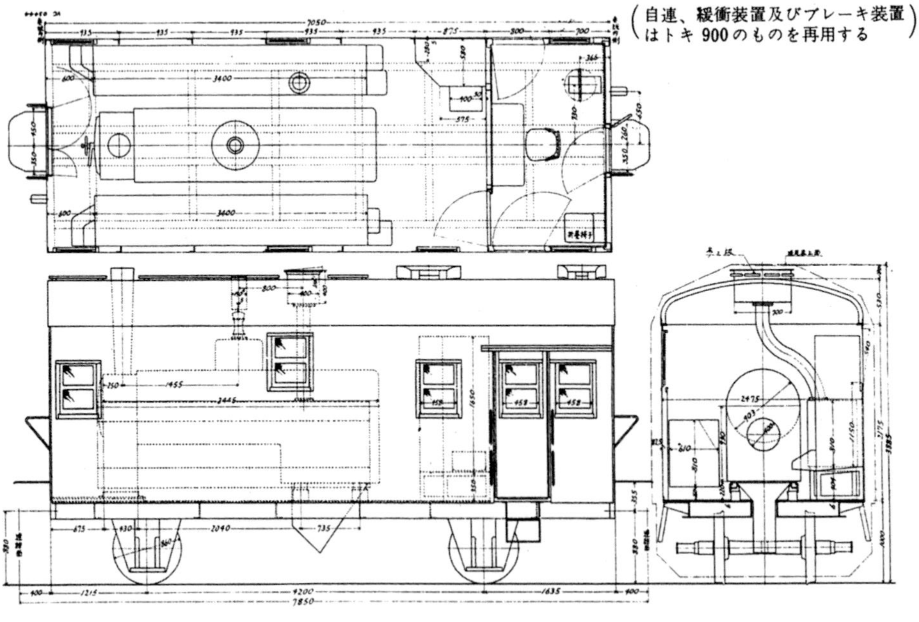

常用圧力	5kg／cm²	運転整備重量	20t	車軸	10t長軸
罐の蒸発量	200kg／h	空車重量	14.60～15.50t	製造所	苗穂、広島
全伝熱面積	14.6m²	水槽容積	3m³	製造年	昭和26. 29年
(煙管)	11.4m²	積載燃料重量	0.5t	親図面表	V0398
(火室)	3.2m²	煙管(径×長×数)	45×1800×52	形式図々面番号	VC03444

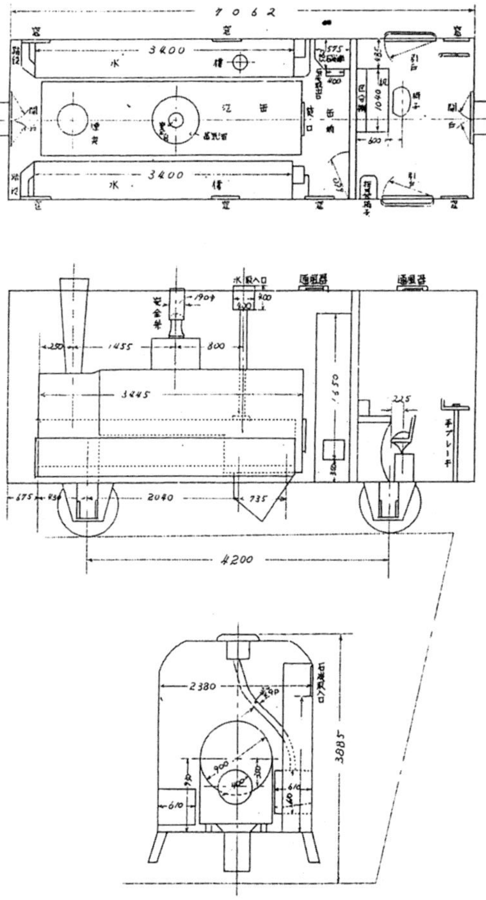

ヌ100形の内部構造。この図を見る限り、ヌ100形は小型のタンク機関車に箱をかぶせたようなスタイルであることがわかる。

32-8-28

勾配線区用 改造暖房車の才一号

国鉄長野工場で完成

国鉄長野工場ではかねてから国鉄最高の勾配線区といわれる高崎管理局管内横川ー軽井沢間に今冬から登場させる暖房車の改造工事を急いでいたが、予定の六両中その第一号車がこのほど完成した

このヌ二〇〇型暖房車はこれまで札幌管理局管内で使用していたヌ一〇〇型を勾配線区に合うよう改造したもので、主なる改造点はボイラー使用圧を五気圧から六気圧に昇圧したこと、一〇〇〇分の六六の最高勾配で使用するとボイラー前部の煙管が露出して危険なので前部を約一〇〇ミリ下げて傾けたこと、膨脹受煙室下部及びシンダー取出口、給水逆止弁の改造をはじめ左側給水タンクに給水取入口を新設したことなど

残り五両の改造も九月末までには完成される(長野)

改造された第一号ヌ二〇〇型暖房車と新設計の給水取入口

『交通新聞』の昭和32年8月28日号に掲載されたヌ200形完成の記事。ボイラーの昇圧や急勾配対策などが書かれている。

資料提供:鈴木靖人

■ヌ100形(←ヌ1000形)履歴表

昭和27年以前		昭和28年以前		昭和28年改番		種車		落成		改造・廃車		
形式	番号	形式	番号	形式	番号	形式	番号	年月日	工場	形式	番号	年月日
ヨ	7000	ヌ	1000	ヌ	100	ワフ	25142	26-3	苗穂			39-12-5
ヨ	7001	ヌ	1001	ヌ	101	ワフ	25149	26-12	苗穂			39-12-5
ヨ	7002	ヌ	1002	ヌ	102	ワフ	25197	27-1-7	苗穂			41-3-25
ヨ	7003	ヌ	1003	ヌ	103	ワフ	25144	27-1-20	苗穂			41-6-27
ヨ	7004	ヌ	1004	ヌ	104	ワフ	25348	27-1-31	苗穂			39-12-5
		ヌ	1005	ヌ	105	トキ	1784	27-3	苗穂	ヌ	200	32-9-30
		ヌ	1006	ヌ	106	トキ	3429	27-8-22	苗穂	ヌ	201	32-9-12
		ヌ	1007	ヌ	107	トキ	2470	27-9-13	苗穂	ヌ	202	32-9-27
		ヌ	1008	ヌ	108	トキ	1755	27-10-24	苗穂	ヌ	203	32-9-30
		ヌ	1009	ヌ	109	トキ	11323	27-10-31	苗穂	ヌ	204	32-9-21
		ヌ	1010	ヌ	110	トキ	1546	27-12-13	苗穂	ヌ	205	32-9-12
		ヌ	1011	ヌ	111	トキ	12818	27-12-26	苗穂			39-12-5
		ヌ	1012	ヌ	112	トキ	10624	27-11-6	苗穂			39-12-5
		ヌ	1013	ヌ	113	トキ	8323	27-9-29	苗穂			39-12-5
		ヌ	1014	ヌ	114	トキ	8131	27-11-24	苗穂			39-12-5
				ヌ	115	トキ	3803	29-2-18	広島			39-12-5
				ヌ	116	トキ	10716	29-2-22	広島			39-12-5
				ヌ	117	トキ	7158	29-2-18	広島			41-3-24
				ヌ	118	トキ	2228	29-3-3	広島			39-12-5
				ヌ	119	トキ	2698	29-3-3	広島			41-3-24

ヌ102。暖房車（客車）とは言うものの、形状は有ガイ緩急車（ワフ）と似ている。北海道内で混合列車に連結されて使用された。国鉄部内では簡易暖房車と呼んでいたそうだ。この車輌はヨ7001として登場し、昭和39年２月に廃車となっている。　1957．9．10 岩見沢機関区　P：佐竹保雄

ヌ118。昭和28年に広島工場で改造された車輌である。昭和27年８月以降に改造された２次車からは、ボイラー点検時の明り取りを容易にするためか、中央の窓が高くなっている。なお、乗務員扉の右上のフタから石炭を投入した。　1955．9．5　岩見沢機関区　P：佐竹保雄

ヌ103。簡易暖房車は札幌、岩見沢、名寄などに配置されて混合列車に連結された。しかし、昭和30年代に入ると客車へのウェバスト暖房装置の取り付けも進み、休車状態となった。そして昭和40年度中に全て廃車された。　1956.9.10　五稜郭　P：佐竹保雄

ヌ106。冬期の活躍を前に工場で検査中の姿である。上のヌ103と比べると窓配置が異なることや、車体のリベットが減っていることがわかる。また、乗務員室下のステップも小型となっていることなど細部を見ると変化がある。　1956.9.11　苗穂工場　P：佐竹保雄

碓氷峠用のヌ201。北海道用のヌ100形を昭和32年に改造した車輌である。外観上は乗務員室の窓が引き違い式となったほか、中央部に１つ増設されている。内部ではボイラーの使用圧力が昇圧され、急勾配対策としてボイラー前部を傾けている。　1963.11.24　高崎第二機関区　P：佐竹保雄

ヌ203。ヌ201と比べる乗務員室扉と右側の窓のガラスが２枚となっている。ヌ200形は碓氷新線が昭和38年に開通したあとも横川や高崎に残置していたが、昭和40年７月に全車廃車されている。　1958.8.23　横川機関区　P：佐竹保雄

■ヌ200形履歴表

		種車		落成			改造・廃車	
形式	番号	形式	番号	年月日	工場	配置	最終配置	年月日
ヌ	200	ヌ	105	32-9-30	長野	横川	横川	40-7-21
ヌ	201	ヌ	106	32-9-12	長野	横川	横川	40-7-21
ヌ	202	ヌ	107	32-9-27	長野	横川	横川	40-7-21
ヌ	203	ヌ	108	32-9-30	長野	横川	横川	40-7-21
ヌ	204	ヌ	109	32-9-21	長野	横川	横川	40-7-21
ヌ	205	ヌ	110	32-9-12	長野	横川	横川	40-7-21

でに廃車となり形式消滅した。なお、１輌は工作車(貨車)サ222形に振替えられ苗穂工場に配置された。

高圧式と大気圧式

蒸気暖房とは蒸気を放熱管に導いて暖める方式であるが、大きく分けると高圧式と大気圧式の２種類に分類される。高圧式は明治33年に蒸気暖房が開始された頃より採用した方式である。原理は図１に示すとおり、機関車より送気された蒸気を導くための暖房主管というものから枝管と加減弁を通り、車内の中央部に出て放熱管となり、再び床下に出てドレン弁から凝結水となり車外に排出されるもの。一方、大気圧式とは図２に示すとおり、暖房主管から枝管に分かれたあと加減弁を通り、さらに自動加減器を経てここで蒸気を大気圧とする方式である。減圧された蒸気は一次放熱管へ進み、温度調節用の加減コックが全開となっている場合は二次放熱管を通り自動加減器の下部に至る。加減コックが半開となっている場合は二次放熱管には行かず、自動加減器の下部に至り外気へ排出される。この加減コックは客室中央部の腰掛下にあるので、車掌が室温調節のために操作するところを見た方もいると思われる。

高圧式は構造が簡単で予熱時間が短くて済むという利点があるが、次のような欠点もある。まず、車内の放熱管の蒸気が高圧であるので、管が破損した場合の危険性が高い。送気する圧力が変化すると室内温度に影響するし、加減コックがないので温度調節が難しい。また、機関車(暖房車)に近い車輌と遠い車輌とでは温度差が生じてしまう。

このため、大正15年に大気圧式が実用化されるとこれが標準仕様となり、北海道用、荷物車、鋼体化客車、車掌室などを除いて高圧式は少数派となった。なお、高圧式と大気圧式は暖房主管までは同じであるため混用することもできる。

暖房車の燃費

暖房車は一体どのくらいの石炭と水を必要としたのだろうか。この点に疑問を持ちあれこれ資料を調べたところ、昭和25年頃に作成されたマヌ34形設計時の書類の中に該当するものが見つかった。これは東京～米原間を通し運転した際の使用量をまとめたものであった。例えば客車が14輌編成(最後部の客車の蒸気圧力が４kg/cm^2)の場合で、室内温度を18℃に保つとすると、１時間あたり石炭は0.2ｔ、水は0.7ｔを使用する。当時、東京～米原間は急行列車で８時間30分、普通列車で12時間30分かかり、さらに前もって暖めておく予熱時間(１時間30分)を加えると急行列車で10時間、普通列車では14時間となる。これに前述した使用量を掛けてみると、急行列車は石炭２ｔと水７ｔ、普通列車では石炭３ｔと水10ｔを必要とした。たかが暖房用の湯たんぽと思われがちだが、炭水の使用量はかなりのものである。さらに投炭作業する乗務員、石炭や水の積載など様々な作業に携る機関区員の重労働を考えれば、暖房車はとても手の掛かる代物だということがうかがい知れる。

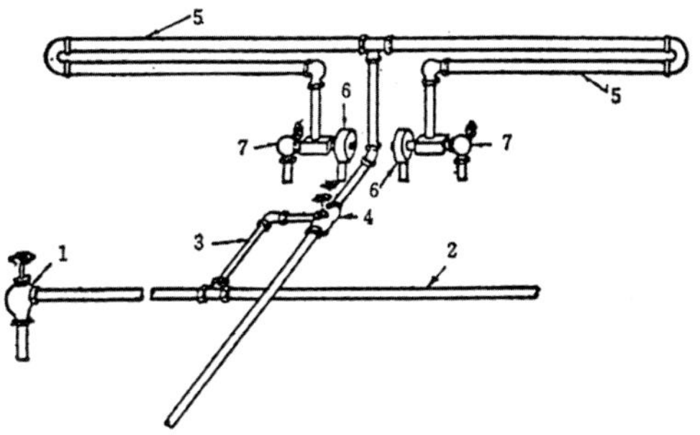

■図１.高圧式暖房装置
1. 蒸気止メ弁　2. 暖房主管　3. 暖房枝管　4. 加減弁　5. 放熱管　6. 自動ドレン弁　7. ドレン弁

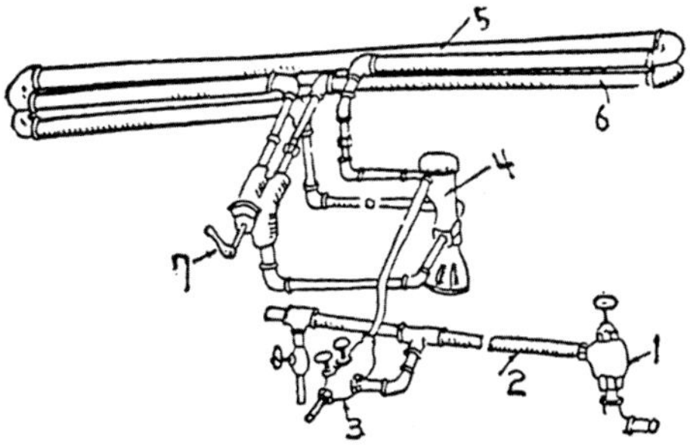

■図２.大気圧式暖房装置
1. 蒸気止メ弁　2. 暖房主管　3. 加減弁　4. 乙種自動加減弁　5. 一次放熱管　6. 二次放熱管　7. 加減コック

蒸気発生装置の実用化

暖房車による蒸気暖房は、煤煙が発生し人手も掛かる。また、重量が40ｔ程もある暖房車を連結することはけん引定数の低下も招き効率が悪かった。これを解決する方法として電気機関車の機械室内に縦型煙管式の重油焚きボイラーを搭載することが考えられた。これを実用化したのがEF56形で昭和12年から同15年にわたり12輌が製造された。ボイラーは半自動運転式と呼ばれるもので、水量と燃料の制御は手動で行なうため取扱は難しかった。続いて主電動機を強力型としたEF57形が昭和15年から同18年にかけて15輌製造されたが、こちらにも同仕様の重油ボイラーが搭載された。しかし、戦時中は燃料統制のためボイラーは使用できずに暖房車が連結されることもあり、さらに戦況が悪化すると暖房そのものが停止されてしまった。

戦後の昭和27年に高崎線が電化されることになったが、このとき増備されたEF58　35以降からは車体が箱形となり、新型の蒸気発生装置(SG装置)を搭載した。この装置は汽車製造会社製のSG１形というもので、単管式強制還流式蒸気発生器を使用していた。特徴は小形軽量で給水と焚火が容易な点と長距離運転が可能なことである。また、燃料の燃焼効率もよいため黒煙を吐くことも少なかった。のちに駆動用の電動機を改良したSA1A形が登場し、以後SG装置は発展していった。

ちなみに、昭和27年以降に登場したSG装置の種類と使用車種は下に示す表１のとおりである(一部準備車を含む)。

なお、SG装置は小型であっても一般の移動式ボイラーと同じ法律が適用されるため、設置した場合には所管する労働基準監督署に「ボイラ設置報告書」「ボイラ明細書」「ボイラ検査証」を提出しなければならない。また、車輛の転配が行なわれたり改造したときは労基署へ「ボイラ変更届」、休止する場合には「休止届」、復活する時には「使用再開検査」を提出するなど、定められた法令にのっとって手続をしなければならない。

ちなみにSG装置の燃料は一般ボイラーに用いるA重油ではなく軽油を使用していた。

電気暖房について

電気暖房は電車ではおなじみとなっている電熱器による方式である。客車での採用は意外に早く、戦前に東海道本線用のスハ32000形(後のスハ32形)などに取付けられた。これは電気機関車からDC1500Vの供給を受けて、これを変圧器により降圧してニクロム線を用いた電熱器を熱する装置であった。

電気暖房装置を取付けた車輛は、東京～沼津間の〝湘南列車〟と部内で呼んでいた普通列車などに限定していた。戦時中には使用を停止していたようだが、戦後の石炭事情が悪い時期(昭和24年冬頃)に140輌を整備した。これらは連合軍専用列車のほか、東海道本線の103列車・104列車が特に指定されて運用されていた。

客車で電気暖房が本格的に採用となったのは昭和33年に登場した20系特急型客車からで、集中電源方式により電源車から電力の供給を受ける方式である。一般型客車としては、昭和34年に東北本線の電化区間が福島まで延長された時からで、ED71形交流電気機関車に搭載した電動発電機(MG)からAC単相1500Vの供給を受けて、各客車の床下にある主変圧器によりAC200

■表１.蒸気発生装置(SG装置)搭載機関車一覧

装置名	搭載機関車
SG1、SG1A、SG1A改	EF58　1～31・35～175（一部は電暖化）
SG1B	EF61　1～18
SG3	DF50　1～9・11～38・40～44・46～65・501～573
SG3B	ED76　1～80、ED72　1～22
SG4	DD54　1～３、DD51　1～53
SG4A	DD54　4～24、DD51　501～586・593～709
SG4A5	DD54　25～40、DD51　710～799・1001～1193
SG4B	DE10　1～９・20～41・45～158・1001～1005、DE15　1001以降
SG5、SG5S	ED76　501以降
SG3B-S	ED76　1001以降

■表２.暖房用MG、インバータ搭載電気機関車一覧

形　式	装　置	主な使用線区
EF80　１～30	MG（390KVA）	常磐線
EF80 59～63	サイリスタインバータ	常磐線
EF81（301～を除く）	サイリスタインバータ	北陸本線、羽越本線
ED71	MG（380KVA）	東北本線
ED74	MG（380KVA）	北陸本線→日豊本線
ED75（501～を除く）	MG（380KVA）	東北本線、奥羽本線、鹿児島本線
ED77	MG（380KVA）	磐越西線
ED78	MG（380KVA）	奥羽本線、仙山線
EF70	MG（420KVA）	北陸本線
EF71	MG（380KVA）	奥羽本線
EF62	MG（320KVA）	信越本線
EF64　１～12・29～55	MG（320KVA）	中央本線
EF64 1001～	サイリスタインバータ	上越線

Vに降圧した電気で電熱器を暖める方式である。電気暖房装置を取付けた客車は原番号に2000をプラスして区別した。例えばスハ43 1ならばスハ43 2001となるが、電気暖房装置は一式で約１ｔもあるため、一部では重量区分が繰り上がり、形式が変更となるケースもあった。なお、従来の蒸気暖房装置も存置しているので、蒸気機関車でけん引される場合や暖房車を連結する際は蒸気暖房が使用できる。

このほか、12系客車では自車の電源装置により電気暖房を行なうが、一般型客車と併結することを考慮して暖房主管の引通しがあった。

その後の電化区間の延伸に伴ない、常磐線、奥羽本線、北陸本線、羽越本線、中央本線、信越本線などで使用される客車についても電気暖房化を推進することにした。初期の交流区間である仙山線(仙台～山形間)、北陸本線(田村～敦賀間)で投入されたED44形、ED45形、ED70形などには暖房装置がなく暖房車の世話になったが、前述したとおり昭和34年に東北本線(黒磯～福島間)が交流電化した際に投入されたED71形からはMGが搭載され、そこから客車へAC1500Vを給電することとなった。さらにEF62形、EF64形直流電気機関車にもMGが搭載され、EF80形交直流電気機関車(後期型)からはサイリスタインバータが搭載されている。電気暖房装置を取付けた客車が増えたことにより、昭和40年から同42年にかけて、EF57形のボイラーを撤去してAC1500Vを発生させるための電動発電機を搭載した。

また、EF58形でも東北本線、上越線用のものはSG装置を撤去して、サイリスタインバータ装置を搭載するものが現れた。この工事は昭和45年から同50年にかけて施工された。普通客車列車が消滅した現在では、これらの装置も無用の長物となってしまい時代の急激な変化を感じる(48頁下段の表参照)。

暖房車の管理と所属

さて、暖房車はどこで管理して、誰が乗務していたのであろうか。

前述したように暖房車は車輌の分類としては客車の仲間となっていて、書類上は客貨車区などに配置されていた。だが、ボイラーを積んで石炭や水を補給するという作業が加わることから、実際には機関区に配置されていた。高崎では第一(蒸気機関車を配置)と第二(電気機関車などを配置)の二つの機関区に分かれていたが、暖房車は第二機関区の方に配置されていた。また、客車の場合は車輌を管理するための客車履歴票という用紙が客貨車区などに保管されているが、暖房車の場合は機関車の履歴簿と同じく１冊のものにまとめられていた。検査についても客車と異なっており、全般検査などで工場へ入場の際も客車職場ではなく機関車職場に入れられ、ボイラーは蒸気機関車と同じく製缶職場へ回された。ただし、台車などは客貨車職場で修繕を受けることになる。

東海道本線の9292列車。全線電化を前にした試運転列車で、暖房車が５輌も組み込まれている。編成はEF58 91（宮原）を先頭にクヤ9020(田町)、マニ60 227(宮原)、暖房車形式不明(マヌ34形ではない)、マヌ34 8(浜松)、マヌ34 7(浜松)、マヌ34 9(浜松)、マヌ34 10(浜松)、マロネフ38 12(以下全て宮原)、マロネフ48 1、マロネフ48 3、マロネフ48 2、マロネ39 1、スロ54 15、スロ54 18、マニ60 451、マニ60 226。　1956.10.10　山科付近　P：佐竹保雄

さて、真夏の火鉢という例えがあるように、暖房車は夏には全く役に立たず、冬眠ならぬ夏眠をとることになる。このため、休車の期間が長く走行距離が短いことも特徴である。暖房の使用期間が終わる４月からは機関区の片隅で一列に連なって暇をつぶして過ごすが、９月頃より各種の検査を受けて11月からの本番に備えるという生活を毎年のように繰り返す。だが、ごく稀ではあるが機関車の性能試験や新線の入線試験の際に駆り出されることもある。これは死重としての役目であるが、暖房車が10数輌もつながって走る姿は見ていてなかなか壮観であった。このほか、予熱用として電化区間とは関係ない高松に配置(貸出も含む)されていたこともある。また、SG装置などの故障時にそなえて予備車として待機しているものもあった。

暖房車を動かす人

乗務員についてはボイラーを扱うため、機関士または機関助士が乗務した。乗務中のレポートは『鉄道ジャーナル』誌20号(1969年４月号)の「列車追跡シリーズ⑧暖房車は走る」で平井憲太郎氏が、『鉄道ファン』誌94号(1969年４月号)に「暖房車あれこれ」というテーマで中村文雄氏が、共に中央本線の添乗レポートをまとめている。どちらも今となっては貴重な記録となっており、臨場感の伝わる文面は一読されることをお勧めする。また国鉄広報誌『R』の1965年１月号に「湯たんぽの孤独」というテーマで六浦光雄氏がイラストと共に元旦の日の機関助士の姿を追っている。

暖房車の乗務員仕業についてはその区所により様々であるが、昭和30年代までは機関助士になりたての新人が主に担当させられた。しかし、首都圏で蒸気機関車の配置がなくなると、ボイラーを扱えない電気機関車専門の機関助士が増え、このスタイルが維持できなくなった。飯田町機関区でも末期は人手不足となり、品川機関区などからＢ６の運転経験を持つ機関士の応援を仰いだ。高崎第二機関区の場合も、暖房車末期の頃は新人の機関助士の中で蒸気機関車担当者が減少して、乗務のやりくりは大変だったそうだ。なお、余談だが、この頃に蒸気機関車の助士を経験した方の中から、D51 498復活運転時の運転士を養成したそうだ。暖房車の乗務は孤独で劣悪な環境での仕事なので辛いことが多かったと、当時、担当乗務された方々からの聞き取りで知ることができた。煤煙については都市部を走る際や、トンネル内では極力押えなければならず、投炭には気を遣ったという。燃料掛の手により出区前に石炭と水が満載された暖房車は、今度は乗務員の手により投炭が繰り返されてゆく。自動給炭機(ストーカー)はないので全てスコップによる手作業である。ブロワーをかけて一気に燃焼し、インゼクターを操作して給水を行なう。やがて蒸気圧力が10kg/㎠を指した頃にバルブを開いて送気を始める。列車の出発時間の相当前から予熱をして室温を15度以上に維持するが、送気圧力をあまり高めると暑くなり、弱めると寒くなるので加減には注意を払った。時には室温のことで車掌と喧嘩になることもあった。特に暖房車を交換する駅の手前では構内掛(連結手)の安全確保のため送気を止めるが、これを早くしすぎると車内が寒くなり苦情がきたそうだ。また、帰区してからの火床整理の時間をなるべく短くしたいため、走行中に灰箱からパラパラ灰を捨てる者もいた。あまり派手に撒くと火が混ざっていて枕木が燃えることもあり、保線区からきつく怒られた経験を持つ人もいたようだ。

暖房車の晩年

SG装置付の機関車が増備され、客車に電気暖房装置が取付けられた結果、昭和40年代に入ると暖房車の活躍の機会はめっきり少なくなった。沿線火災を防止するため、煙突に回転式火粉止が付くなど多少形態の変化があったものの、大きな改造は受けずに時は流れていった。最古参のホヌ30形は水郡線で使用していたが、SG装置を搭載したDE10形が配置されると消えていった。スヌ31形についてはほとんどが休車となり、竜華機関区に配置されていた阪和線用のスヌ31 1・2が昭和48年に廃車となったことで消滅した。この２輌の廃車は暖房車の車種消滅を意味した。ナヌ32形は中央本線用であったが、ほとんどマヌ34形の予備となっていた。一部が久里浜駅構内に疎開していたが、それも昭和45年までに解体となった。オヌ33形は高崎、長岡からの配置が消えた後も、長野の篠ノ井線用が最後まで残っていたが、これも昭和47年までに消滅した。マヌ34形は中央本線(名古屋～中津川間)用、北陸本線(米原～敦賀間)用が昭和45年までに姿を消し、最後は甲府の５輌が臨時急行用として残っていた。EF13形やEF15形にけん引されて新宿駅を発着していたが、EF64形が増備されると昭和47年までに廃車となった。

暖房車は、蒸気機関車と同様に良質な金属が使用されていることもあり、全てが早々と解体されて再生原料となり、１輌も保存されることはなかった。ファンとしては残念なことであるが、いた仕方ないことでもあった。

■暖房車配置表(昭和35年 4 月 1 日現在。ヌ100形14輛は非運転用のため略)

局	区名	番号	計
仙台	福島第一	ホヌ301　ホヌ302　ホヌ303　ホヌ306　ホヌ308　ホヌ309	6
	仙台	マヌ3415　マヌ3416　マヌ3417　マヌ3418　マヌ315	5
新潟	長岡第二	オヌ331　オヌ333　オヌ334　オヌ335　オヌ336　オヌ337　スヌ313　スヌ3113　スヌ3117	9
高崎	高崎第二	オヌ3310　オヌ3311　オヌ3312　オヌ3313　オヌ3314　オヌ33100　スヌ3110　スヌ3111　スヌ3112　スヌ3114　スヌ3115　スヌ3116　スヌ3119　スヌ3120　スヌ31100　スヌ31101　マヌ3411　マヌ3412　マヌ3413　マヌ3419	20
	横川	ヌ200　ヌ201　ヌ202　ヌ203　ヌ204　ヌ205	6
水戸	水戸	マヌ3423	1
東京	東京	マヌ3424	1
	尾久	マヌ3414	1
	飯田町	ホヌ304　ホヌ305　ホヌ307　ホヌ3010　ナヌ321　ナヌ322　ナヌ323　ナヌ324　ナヌ325	9
	八王子	ホヌ3011　ホヌ3012	2
	甲府	ホヌ3013　ホヌ3014　ホヌ3015　オヌ338　オヌ339　スヌ3122　マヌ347　マヌ349　マヌ3422　マヌ3429	10
静岡	浜松	マヌ341　マヌ342　マヌ343	3
名古屋	米原	マヌ344　マヌ345　マヌ346　マヌ3420　マヌ3421　マヌ3425　マヌ3426　マヌ3427　マヌ3428	9
天王寺	竜華	スヌ311　スヌ312　マヌ3410	3
	和歌山	スヌ316　スヌ317　スヌ318　スヌ319　スヌ3121	5
四国	高松	マヌ348	1
合計			91

休車中のスヌ31 22。かつてはお召し列車にも連結されたこともあったが、窓ガラスも割れて荒れ放題である。　久里浜支区　P：脇坂敏雄

ホヌ30 10の末路。長らく飯田町、八王子に配置され中央本線で活躍してきたホヌ30 10ではあったが、マヌ34形が転属してきてからは予備車となり、さらに昭和38年頃からは久里浜に疎開して終焉を迎えた。
久里浜支区　P：脇坂敏雄

むすび

暖房車の『ヌ』という標記は〝ぬくもリ〞が由来となっているそうだ。この標記の由来というのは、貨車の『ムラサキ』のように諸説があって正確な記録は残っていないが、ヌの場合はなかなか的を得たもので好感が持てる。

その温もりを運んだ〝湯たんぽ〞も21世紀を迎えた現在、人々の記憶から消えようとしている。元々裏方に徹していた車輌であったことから、今まで1冊にまとまった文献もなく謎が多いとされていた。筆者もこの点が以前より気になっていて、資料や写真を集めながら、その執筆の機会をうかがっていた。今回ベテランファンの方々の御協力と名取編集長のお勧めがあり、『RM LIBRARY』としてまとめることにした。客車列車という形態が特急寝台列車以外には消滅してしまい、蒸気暖房はもとより機関車から給電を受ける電気暖房についても過去のものとなった。本稿ではこれらについてもわずかながら触れることにした。執筆にあたっては、暖房車についての記録の少なさには閉口してしまうことも多かった。特に暖房車の増備ごとの設計変更や、車輛毎の形態差異などについてはわからないことも多く、解明できなかった部分もある。今後は読者諸兄の御教示を仰ぎながらさらに研究を進めてゆきたいと考えている。

なお、以下の方々より貴重な資料をご提供いただいた。末筆ながら厚く御礼申し上げたい。星　晃、小池潤、故鈴木靖人、佐藤進一、山本正夫、周田敏隆、故伊藤　昭、原　訓久、伊藤威信、片山康毅、堀口洋平、江本廣一、藤田吾郎、藤本邦彦、佐竹保雄、吉川文夫、富樫俊介（順不同・敬称略）

岡田誠一（鉄道友の会会員）

D50 249に牽引される急行「ゆのくに」。蒸気機関車と暖房車の組み合わせは妙だが、交流電化の分岐点であるこの地だけに見られた特別な編成であった。この区間に暖房車が走っていたことはもとより、デッドセクションがあったことも忘れ去られようとしている。
1960.12.28　米原～田村　P：佐竹保雄

建築限界測定車オヤ31 21。非貫通の端面に
設けられた大きな窓こそ、この車輌がかつて
特別職用車であったことの証であった。
1991.9.7　門司港　P：藤田吾郎

はじめに

特別職用車(Inspection Car、Office Car)は、1947（昭和22）年頃に日本に駐留していた連合国軍の交通行政を担当していた民間運輸局（CTS：Civil Transportation Section）から、地方各地視察用の特別車輌の提供要請により、鷹取工場で保管していた展望車（スイテ47 1）を冷房化等、一部設備の改造を行い、マイテ47 1として提供したのが始まりである。続いて休車中のスシ37 12を改造したスイネ39 1が登場している。また、連合国軍総司令部（GHQ：General Headquarters）経済科学局の指示で、北海道・九州地方の炭礦調査団専用車として、軍用接収解除となった病客車スヘ31 11、一般客車スハ32 256を各々改造してスイネ34 1・2として提供した。これらの車輌は連合軍に関係はあるが、軍専用車とは別扱いとされたため軍番号はなかった。

1949(昭和24)年になると今度はCTSの勧告によって、連合軍総司令部および外国貴賓客の国内旅行用、国鉄総裁・運輸支配人・鉄道管理局長等の管内視察用として、上記４輌のほか主として連合軍の接収解除車を種車とした特別職用車を準備することになった。1950（昭和25）年春から本庁用6輌（特別職用車番号No.1～6）、各局用10輌（No.21～30）、計16輌が、当時としては行き届いた設備を持って次々に誕生した。

しかし、1952（昭和27）年の日米講和条約発効

により、軍関係の車輌はほとんど返還され国鉄の自主管理になった。一方、特別職用車はあまり使用されることもなく遊休状態が多かったことと、戦後の車輌不足で旅客輸送が混乱していた時期でもあったので世間の批判の的となり、誕生以来２～３年で復元改造、車種変更、改番等によりその姿を消してしまったのである。だが、半数は特殊車や事業用車として残り、永く客車ファンの目を引くところとなった。

特別職用車に表示された車輌番号はスヤ１、スヤ２等の職用車番号で表示したときと、国鉄正式番号だけのとき、あるいは両方とも表示されたときもあった。本稿では職用車番号と国鉄正式番号の両方を併記している。

特別職用車の経歴は種車が多種多様であり、その後の経歴も様々で、調査する程に趣味的には大変面白い。しかし、我々客車ファンの間でも特別職用車の現車調査を実行した者はごく僅かであり、資料も断片的であった。そこでその記録を集成し、筆者の１人である藤井曄（ふじいあきら）氏が『展望車』No.３（鉄道友の会東京支部客車・気動車部会、貨車部会、1979）に発表した。その後四半世紀を経て、新たな資料や写真の応援を受け、ここにまとめる次第である。

特別職用車の面影を残したまま保健車に改造されたスヤ32 1（元スヤ29、国鉄番号スヤ51 18）。　1974.9　札幌運転所　P：葛　英一

特別職用車の登場

特別職用車の概略は前述のとおりである。1949（昭和24）年になるとCTSの勧告により、各鉄道局管内視察用の特別職用車を準備する必要が生じている。これにより1949(昭和24)年８月に工作局より種車割り当ての上、各鉄道局に対し予算の範囲内で改造希望案を提示するよう通達がされている。これを検討して各局への工事施工方法を通知し、12月頃の工事着手を目指した。この時点での種車は大半が軍用接収車の余剰車である。

大鉄・門鉄用は建築限界測定車を兼ねることとしているが、結局は実現されなかった。大鉄用はオシ33 104改造のオヤ31 31が1957（昭和32）年に登場し、門鉄用は本件が縁あったか不明であるが特別職用車のスヤ51 16改造のオヤ31 21が1954（昭和29）年に登場している。また新鉄局では建築限界測定車スヤ31 1（1949(昭和24）年にスロハ31 49改造、1953（昭和28）年改番によりオヤ31 1）が特別職用車を兼ねることとしているが、これも変更されている。

このようにして指定された特別職用車は本庁に６輌、各鉄道局に1輌の計16輌あり、1950（昭和25）年1～6月にかけて15輌が落成、最後のスヤ５が1951（昭和26）年３月に落成して、これらの豪華車輌たちがラインナップすることとなった。1950（昭和25）年６月８日には各鉄道局に対し番号の変更が通知され、新たに職用車番号が与えられることとなった。本庁用としてはNo.1～6、各鉄道局用としてはNo.21～30が割り当てられ、呼称はこの職用車番号を用いるが、車輌台帳上では国鉄番号を用いる。車体中央の標記には記号とともにこれを用いて、車体側面1・4位側隅には国鉄番号を標記する。また配属局名とその駅名略号も車体中央ではなく、軍用車なみに車体側面2・3位側隅に標記する。またNo.2～4、6の４輌は営業用の番号のままであるので、事業用の形式へ変更するとともに、等級帯を抹消することとなった。

このように特別職用車番号は後から与えられたものであるが、本稿では特別職用車番号と国鉄番号は同時に存在していると考え、原則として併記することとしている。渉輸送実績一覧表では特別職用車番号は、ひ

尾久の片隅に目だたない様に留置されたスヤ1（スヤ51 1)。特別職用車はファンにとって当時は見学もままならないばかりか素性も知られない存在であった。左側は荷物車オニ6320。軍用車ホミ845の返還改造車である。1形式1輌の変わった車輌で、元々はワキ1形。後に救援車ナヤ6560→ナエ2704となり尾久に配属されていた。右（次頁）はスヤ1の側面。軍用車と同じく国鉄番号や配属記号は側面隅に小さく書かれ、車体中央には記号と特別職用車番号だけが標記されている。
1950.9.24 尾久 P：伊藤 昭

特別職用車一覧表

主管	配置	国鉄番号	職用車番号	種車番号		改造		展望室		寝台			会議室		炊事設備	冷房設備	電話・ラジオの引込設備	記事
				国鉄番号	軍番号	年月	工場	有無	定員	客	給	計	有無	定員				
本庁	尾久	スヤ51 1	マヤ1	オハフ33 49		1950.4	大井	有	6	8	3	11	有	8	有	有	電話・ラジオ	
	尾久	マヤ47 1	マヤ2	マイテ47 1		1950.6	郡山	有	4	8	3	11	有	8	有	有	ラジオ	※1
	尾久	マヤ57 1	マヤ3	マイネロ37 1	1704	1950.6	大宮	有	6	8	3	11	有	10	有	無	ラジオ	
	尾久	スヤ39 1	スヤ4	スイネ39 1		1950.6	大宮	無		8	3	11	有	8	有	無	ラジオ	※1
	尾久	スヤ34 2	スヤ5	スイネ34 2	2912	1951.3	高砂	無		8	3	11	有	8	有	無		※2
	尾久	スヤ48 1	スヤ6	スイロネ37 3	1308	1950.6	大宮	無		14		14	無		無	無		
東鉄	尾久	スヤ51 11	スヤ21	スイネ32 21	2706	1950.3	大宮	有	8	8		8	有	10	有	無		
名鉄	名古屋	スヤ51 12	スヤ22	スミ36 3	2702	1950.3	名古屋	有	8	6	2	8	有	8	有	無		
大鉄	宮原操	スヤ51 13	スヤ23	スミ36 4	2725	1950.3	吹田	有	4	8		8	有	8	有	無		
広鉄	広島	スヤ51 14	スヤ24	スミ36 1	2707	1950.3	幡生	有	8	6		8	有	8	有	無		
四鉄	高松	スヤ51 15	スヤ25	オイネ31 21	1707	1950.3	多度津	有	4	6	2	8	有	7	有	無		
門鉄	門司港	スヤ51 16	スヤ26	スヘ31 13	2911	1950.3	小倉	有	4	8		8	有	8	有	無		
新鉄	新潟	スヤ51 17	スヤ27	オミ42 2	2720	1950.3	長野	有	10	8		8	有	10	有	無		
仙鉄	仙台	オヤ50 11	オヤ28	オイネ33 1	1718	1950.3	盛岡	有	6	6	3	9	有	8	有	無		
札鉄	札幌	スヤ51 18	スヤ29	オイネ31 51	1724	1950.1	五稜郭	有	5	14		14	有	10	有	無		
旭鉄	旭川	スヤ51 19	スヤ30	スヤ34 1		1950.3	五稜郭	有		12	3	15	有		有	無		※2

※1：CTS専用車　※2：旧石炭調査団専用車

と月早く1950（昭和25）年５月から使用されている。

1950（昭和25）年10年には特別職用車の取り扱い方について次の「特別職用車使用心得」が制定されている。これまでもスイテ47 1およびスイネ39 1についてもこれに準じた通達が出されているが、これを含めて整理されている。

特別職用車使用心得

（1950年10月６日 公報総裁達第575号）

特別職用車使用心得を次のように定める。

昭和25年10月６日　日本国有鉄道総裁 加賀山之雄

（総則）

第１条　特別職用車（オフィスカー）の使用については、この心得の定めるところによる。

第２条　この心得において「特別職用車」とは、連合軍総司令部関係者および外国貴客などの国鉄旅行に際しその乗用に給するため、または第4条に指定する役職員が所管区域内の巡視の際乗用するために特に整備された職用車をいう。

第３条　連合軍司令部関係および外国貴客などが特別職用車を使用するときの取り扱いについては別に定める。

第４条　特別職用車は総裁、運輸支配人、鉄道管理局などへの役職員が運輸業務を視察するため所管区域内を巡視する場合に使用することができる。

第５条　運輸支配人は、関係鉄道管理局における特別職用車の使用を統制し、運輸の円滑を計るとともに、その濫用を防止しなければいけない。

（使用上の留意点）

第６条　特別職用車を使用するときは、特に次の事項に留意しなければならない。

１、近距離の巡視および通常の出張に用いることを避け、所管区域内の巡視を能率的に行い、特別職用車の効果を十分に発揮できるように運用計画をたてること。

２、一般旅客列車の輸送力および構内作業に影響を及ぼさないように連結列車を選定すること。

３、優等列車に連結することをつとめて避けること。

４、留置にあたっては、駅の主要ホームはつとめて避け、もよりの機関区検車区（客貨車区および客車区を含む、以下同じ）その他便宜の場所を指定し、体外的に誤解をされること。

（配置）

第７条　特別職用車は、鉄道管理局長の指定する検車区または工場に配置する。

第８条　特別職用車には車体外面に定められたもの以外の標記または標示をしてはならない。

（付則）

この達は、昭和25年10月１日から適用する。

このようにして出揃った特別職用車は、設備が豪華であるばかりか、大半が展望室を有し、日本の客車史においても極めて興味深い存在である。その概要と設備は表をご覧頂きたいが、各車の経歴や設備はあまりに複雑で、とても表にまとめきれるものではなく、次稿以下に１輌ごとに見ていくこととする。

大井工にてスヤ1（スヤ51）落成時の姿。JNRの標記が目立つ。　所蔵：星　晃

スヤ1（スヤ51 1）本庁用

本車は1939（昭和14）年製のスハフ34768がスタートである。1941（昭和16）年10月には行き詰った鋼製客車の番号体制を整えるための大改番が実施され、本車はオハフ33 49となった。しかしながら、1946(昭和21)年6月18日23時58分、東海道本線二宮駅東方（東京起点72.3km）にて発生した衝突事故の被災車となっている。具体的には先行の189貨物列車が車軸発熱故障のため、二宮駅にて該当車を解放作業中であった。そのため二宮駅東側で信号待ちをしていた241列車に、後続の8019列車が居眠リ運転のため激突して死傷者50名の大事故となった。241列車最後尾のオハフ33 49と、8019列車牽引のEF57 12は大破して、EF57 12は廃車となっている。その後しばらく二宮駅構内に留置されていた。

しかし車体の1/3が破損した当車は改造しやすく、特別職用車の種車として選ばれた。特別職用車スヤ1（スヤ51 1）として大井工機部にて落成したのは1950(昭和25)年4月であり、落成当時は写真に見られるように「東ヲク スヤ511」の標記が中央にあるほか、「JNR 1」の大きな標記があった。これは当時設計を担当した星晃氏の意向によるものであるが、目立ちすぎるとの理由により3日後に消されている。構造はなんといっても前位側に設けられた展望室が最大の特徴で、元のデッキ部分には大きな窓がある扉が設けられている。これはCTSの指示もあったが、設計側としても、アメリカタイプの車輌を作りたいとの意気込みが込められている。後位側に向かって会議室、男子便所、寝台室、調理室、便所と続き、また改造と同時に空気調和装置KM4が取り付けられている。

特別職用車としての使命を終えると、1952(昭和27)年にスヤ46 1に改造されるが、これはこのような余剰

スヤ1（スヤ51）の会議室を展望室から見る。　所蔵：星　晃

スヤ1（スヤ51）の展望室・会議室。　所蔵：星　晃

▲電気機関車と暖房車に連結されたスヤ1(スヤ51 1)。一般のファンの目に触れた最初期の写真である。
1950.4 品川 P：宮澤孝一

▶スヤ1と標記が変わった時点の姿。台車もTR40Aに変わっている。 1950.9.23 尾久
P：中村夙雄

▶同じくスヤ1に変わった時点の姿。こちら側は狭く改造された窓が多い。 1952.1.1 尾久
P：伊藤 昭

◀標記がスイ46 1に変更され白帯が加わっている。ただしこの時点ならまだスヤ46 1のはずだが、経緯は不明である。
1952.12.6　尾久
P：伊藤　昭

◀マイフ97 1に変更された姿。台車は新三菱MD-1を履いている。　1957.12.31　尾久
P：江本廣一

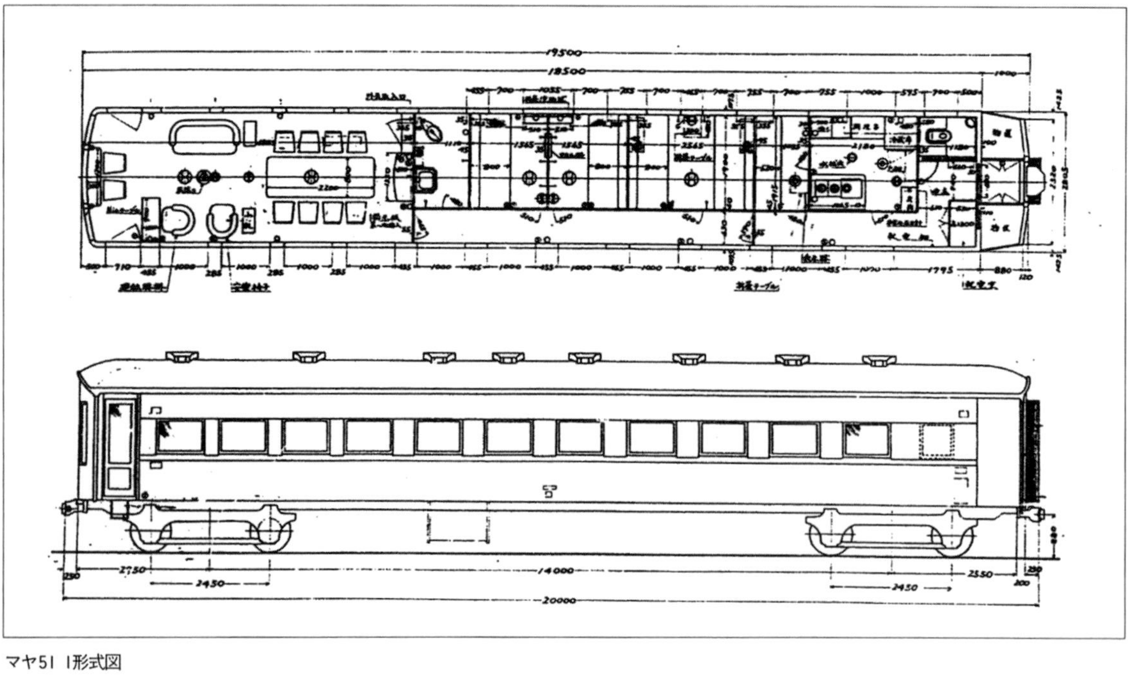

マヤ51 1形式図

テレビ受信機試験車マイフ97 1の車内。　1960.3.20　P：星　晃

御料車新1号のテレビ受信機試験車として使用されるマイフ97 1。
1960.3.20　P：星　晃

テレビ受信機試験車マイフ97 1の屋根。　1960.3.20　P：星　晃

車を便宜上生かすための措置で、実質的な改造はなかったと考えられる。翌年に外国人団体向けの特殊営業車として生き残ることが確定し、スイ46 1に改造された。1953（昭和28）年には客車の大改番が実施され、三軸ボギー車や木製車を中心に番号整理が実施されることとなるが、本車を含む特殊営業車3輌も90番代の末尾に押し込められることとなり、本車はマイフ97 1に名を変えている。その後、男子便所の一部とその隣の寝台室が，それぞれシャワー室と更衣室に改造されているが、1958（昭和33）年5月にはARC（アジア鉄道首脳者懇談会）の特別列車に使用されたためと考えられる。

この間、台車の変更も興味深い。当初はTR23であるが、1950（昭和25）年にスヤ1（スヤ51 1）となった

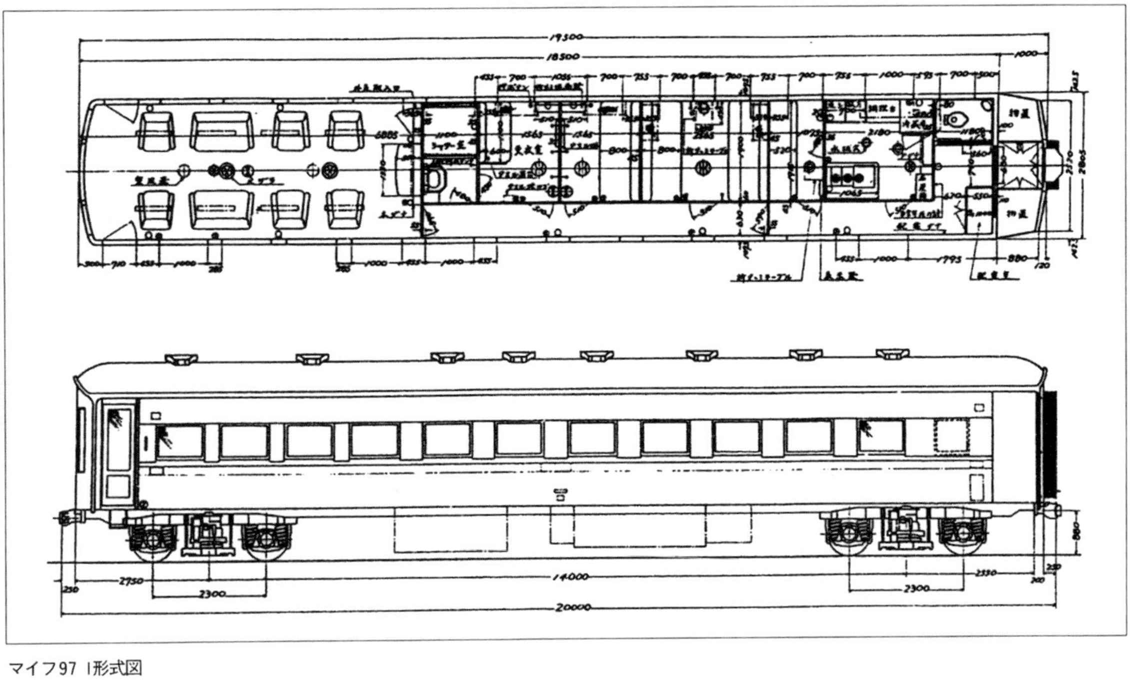

マイフ97 1形式図

後、TR40Aに振り替えが行われている。この提供元はスハ42 50のTR40であり、これによりTR23を履きオハ35 1308に改番している。このTR40に、マイネ41 6の柔らかい枕ばねを用いたのがTR40Aである。1954（昭和29）年時点では三菱重工の試作台車であるMD-1に、ARC特別列車運転に際してはシュリーレン式のTR57に変わっている。

この時期、特殊営業車としての使用が何度かある様である。このうち、東京～博多間に運転されたARC特別列車については、当時の同好誌『急電』に以下のように記録されている。

1958（昭和33）年５月17日　東京発3001レ
東京着５月23日3010レ
東京～熱海～神戸～姫路～広島～宮島口～下松～門司～八幡～博多（回送は品川操～東京、宮原操～大阪、香椎～酒殿～志免～博多）

1　スハニ35 1
2　スロネ30 5
3　マロネ48 2
4　マロネ483
5　マロネ48 4
6　オシ17 10
7　マロネフ48 3
8　マロネフ49 2
9　マロネ49 3
10　ナロ10 33
11　マイフ97 1

客車の配置はスハニ35 1のみ仙セン、それ以外は全て東シナ
けん引機関車は東京～姫路 EF58 61（東京、お召し予備）、EF58 128（宮原）　以西 DF50 15・196（米子）

1960（昭和35）年には三等級制から二等級制に改正され、「イ」の称号を持つ客車が改番されることとなるが、本車もマロフ97 1に改番されている。また同年には、１号御料車に使用される八木アンテナの試験取り付けが行われ、この時通風器の移設が行われている。

1963（昭和38）年に廃車後、1970（昭和45）年頃には国分寺にあった中央鉄道学園に研究用として移され、同年の学園祭にて展示されている。その後隅田川に移され、保存の話もあったが、結局1974（昭和49）年頃解体されている。

■車歴

1939.10　スハフ34768　汽車東京新製
1941.10　オハフ33 49　改番
1950.4　スヤ1（スヤ51 11）大井工改造
1952.8　スヤ46 1　大井工改造
1953.3　スイ46 1　大井工改造
1953.6　マイフ97 1　改番
1960.7　マロフ97 1　改番
1963.2　廃車

マロフ97 1に変更された晩年の姿。台車はTR57に変わっている。　1962.6.7 品川　P：吉野 仁

マヤ２（マヤ47 1)。1950年頃の撮影。　1950.11.23　尾久　P：中村夙雄

マヤ2（マヤ47 1）本庁用

本車は1930（昭和５）年に製造されたスイテ37002がスタートである。本形式スイテ37000形は東京～下関間の特急〈富士〉用として登場した洋式の展望車であるが、本車だけは東京～神戸間に新設された特急〈つばめ〉用として1931（昭和６）年に区分室が設けられ、スイテ37030形に変更されている。1941（昭和16）年の改番でスイテ47 1となっている。

▲スイテ37030　戦前に特急に使用されていた頃の姿で1938年頃の撮影である。

所蔵：小池　潤

戦時期の特急廃止により、本車は鷹取工機部内で長期休車として荒廃して放置されていたが、CTSの地方視察用車の種車として選ばれ1946（昭和21）年に大井工機部へ回送されて整備されている。これまで会議室は前位側と中央の２ヶ所があったが、中央を廃止してコンパートメント式の寝台や調理室、食堂その他の整備が行われ、番号はスイテ47 1のままで一等寝台車として正規の白帯（クリーム帯ではない）をつけて、車体中央部にはJ.G.Rの標記がつけられた。これは本車があくまで国鉄の営業車であり、特別軍用客車ではないことを示している。このような車輌は当車のほか、スイネ34 1（→スヤ34 1)、スイネ34 2（→スヤ34 2)、スイネ39 1（→スヤ39 1）の合計4輌があり、いずれも後に特別職用車に改造されているので、それぞれの項を参照されたい。

当車はRTO将兵とのトラブル防止を考慮して、品川検車区ではなく尾久検車区に配置された。1947（昭和

▶マヤ2（マヤ47 1)。本車は展望デッキがそのまま生きた唯一の事例であるが、それを示す貴重な１カットである。

所蔵：吉田明雄

◀スイテ47 1。特別職用車番号が与えられる前の貴重な1カットである。
1949.8　尾久　P：菅野浩和

▼（左）マイ47 1。マヤ47 1から改番されるのは1953年3月と記録されているが、現車標記の変更は早かったと思われる。
1952.12.6　尾久
P：伊藤　昭

▼（右）マイ98 1　1953年改番後の姿。
1955.9.3　尾久
P：伊藤　昭

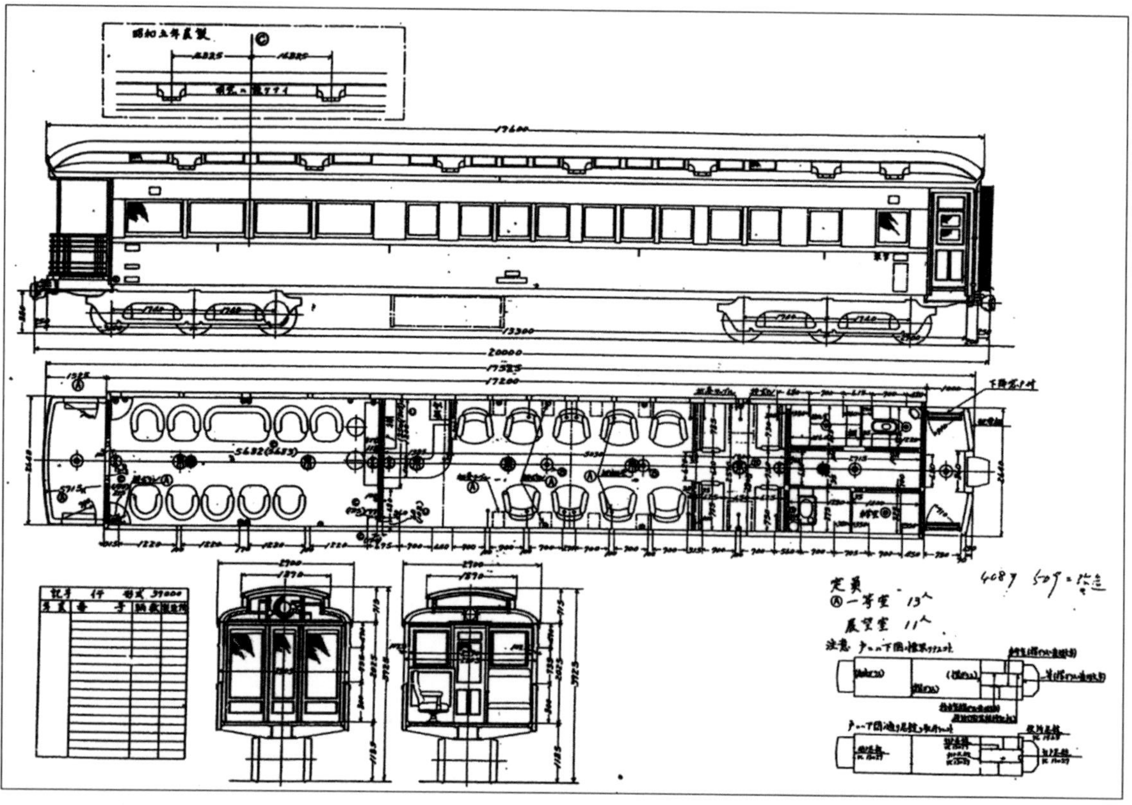

スイテ37000形式図

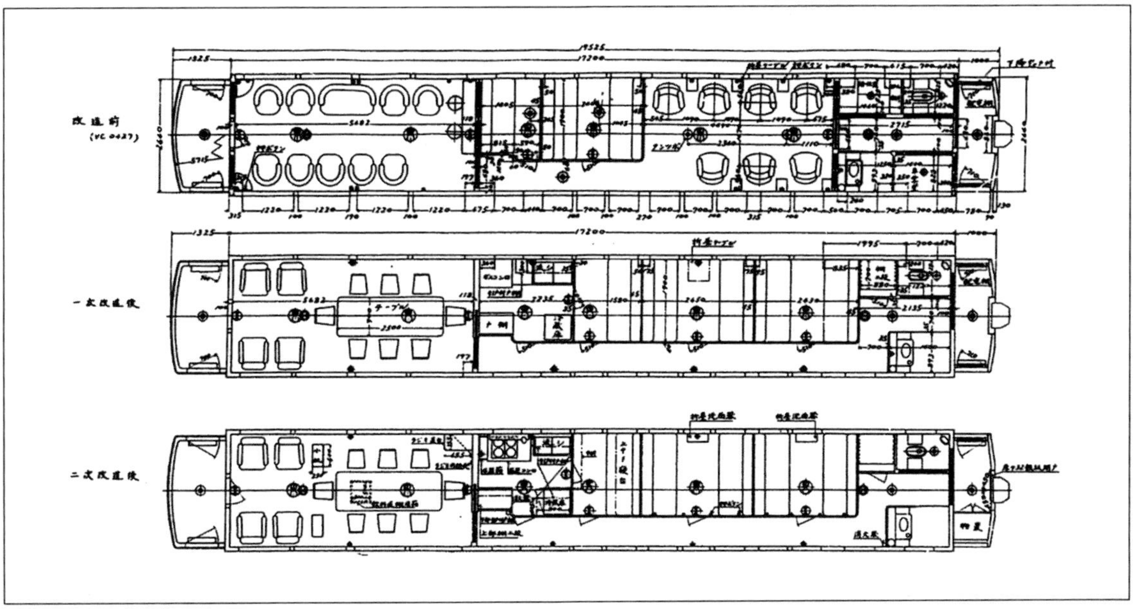

スイテ47 1原型（上）・同一次改造後（中）・同二次改造後平面図

22）年には二次改造が行われ、調理室のガスレンジが石炭レンジに変更される等の小変更がある。翌1948(昭和23）年には翌年には冷房が設置され重量が増加し、マイテ47 1となった。この間、CTSの要人輸送用として各地視察に頻繁に使用された。1950（昭和25）年に特別職用車制度ができると、本庁主管のマヤ2(国鉄番号マヤ47 1）となった。

1953（昭和28）年その任務が解除された後も特別営業車マイ47 1と名を変えて残り、1953（昭和28）年の改番でマイ98 1となった。1956（昭和31）年にオシ17形の種車となり、車籍は引き継がれたものの姿を消している。

■車歴

1930.3	スイテ37002　大井工新製　スイテ37000形
1931.9	スイテ37030　大井工改造　スイテ37030形
1941.10	スイテ47 1　改番
1947.12	大井工改造
	寝台増設、会議室・調理室設置
1948.9	マイテ47 1　大井工改造　冷房取り付け
1950.6	マヤ2（マヤ47 1）　郡山工改造
1953.3	マイ47 1　改番
1953.6	マイ98 1　改番
1956.11	オシ17 1　改造
1973.2	廃車

マイ98 1。こちらも1955年頃の撮影と考えられる。　P：鈴木靖人

マヤ3（マヤ57 1）。この時点では正式な特別職用車仕様となっているはずであるが、帯色が残り、また車端部にある標記もマイネロ37 1となっている。
1950.11.23　尾久　P：中村夙雄

マヤ3（マヤ57 1）本庁用

本車は1931（昭和6）年にマイネロ37260として新製されたのが始まりである。本形式はマイネロ37260形としてマイネロ37260～37263の4輌が新製されている。コンパートメント式の1等寝台と、転換式クロスシートの2等座席をあわせ持った構造であり、札鉄に配属されて、函館～旭川間の急行に使用されていた。しかし、1934（昭和9）年に本列車への1等車の使用が廃止されると本車以外の3輌は各地へ散り、後に車掌室が設置されてマイロネフ37260形、後のマイロネフ37形に変わっている。肝心の本車の動向はしばらくつかめないものの、1945（昭和20）年には軍用接収によりまず1次改造が行われている。このとき後位側にあった二等室が会議室に改造されている。1946（昭和21）年の2次改造では前位側の洗面所がシャワー室に改造されている。

1950（昭和25）年、特別職用車マヤ3（マヤ57 1）となった際は、大幅な改造が行われている。前後が逆となり、寝台は部分的に生かされたものの、他車と同じく密閉式の展望室と会議室、調理室が設けられている。この改造については詳しい改造要領があるのでこれを次に記載することとする。

◀山陽線の特急列車速度試験に活躍するマヤ37 51。前照灯が取り付けられた。　1953.1.26　大阪
P：奥野利夫

一等寝台二等車の区分寝台及び給仕室寄りの便所のみを残して、その他の仕切りおよび諸設備を撤去し、展望室兼会議室、洋式便所、区分寝室、調理室、物置を設置する

①展望室兼会議室

1、外妻には固定窓をつける。ただし中央は大窓とする。

2、出入台部分の天井は在来の位置でベニヤ板張りとする。クシ桁は残す。

3、側入口の部分は開戸を外鴨居キセの線まで出す。したがって戸当たり鴨居キセ、床は変更する。開戸は大窓とする。在来の階段は撤去する。出入台取手は残し補助階段を新設する。

4、次の設備をする。

安楽椅子4個、回転腰掛2個、小椅子10個、枕および椅子各1個、テーブル1個（2450×800mm)、差込テーブル1個(900×400mm)、取り付けテーブル1個を妻に固定（1000×300mm)、本箱1個

本箱の上にはラシマ張りの掲示板を蝶番で取り付け（蝶番は上部に取り付ける）裏面の壁に地図入りの棚をつける。

5、床にはリノリウムを張る。

②洋式便所

1、側窓は新設する。

2、鏡をつける。

3、床にはタイルを張る。

③区分寝室

1、 4人部屋1室、2人部屋2室（在来のまま)。

2、折り畳み洗面器をつける（在来のまま)。

3、タンツボは撤去する。

4、床にはリノリュームを張る。

④調理室

1、区分寝台と調理室との仕切りの位置の廊下に開き戸をつける。

2、区分寝室寄りに500mm幅の三段式寝台を設ける。上段は固定、中段は折りたたんで下段の背摺りとなるようにする。調理室との間にはカーテンをする。

3、次の準備をする。

中型冷蔵庫1個

小型石炭レンジ1個、石炭箱は調理室の下に置く。

調理台1個、上段はステンレス板を張る。下部は棚。

流し1個、右は海、左は岡。

調理台および流しの上方（内幕板の位置）に棚をつける。石炭レンジの上方には天蓋を設ける。煙突と屋根との接部には完全に熱絶縁を施し、火災等の恐れのないようにする。

4、廊下の内妻寄りに戸棚を置く。

5、廊下に車掌弁、圧力計、主ブレーキを置く。

⑤物置

1、出口を塞いで物置を設ける。

2、開き戸には掛金錠、錠前金具をつける。

⑥その他

1、展望室寄り端梁付近に下部後方照明用灯具をつける。

2、物置の外側に踏み段および取っ手をつける。

マヤ38 51。正面上部には前照灯金具が目立つ。　1956.5.3 尾久 P：江本廣一

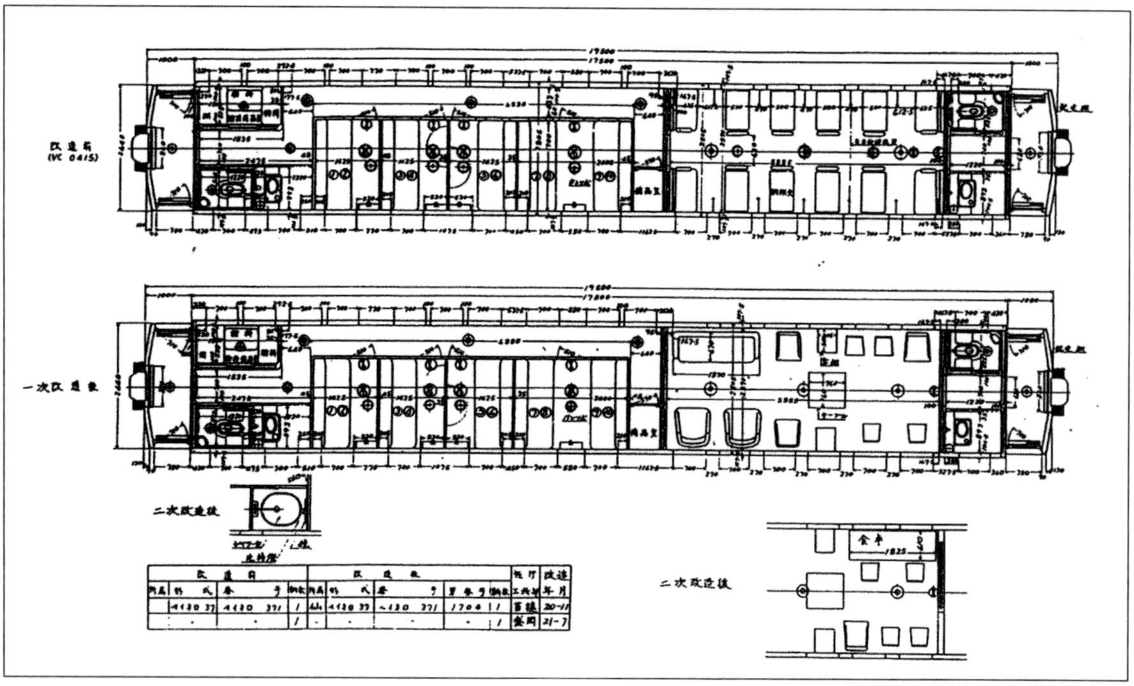

マイネロ37原型（上）・軍用一次改造後（中）・同二次改造後（下）平面図

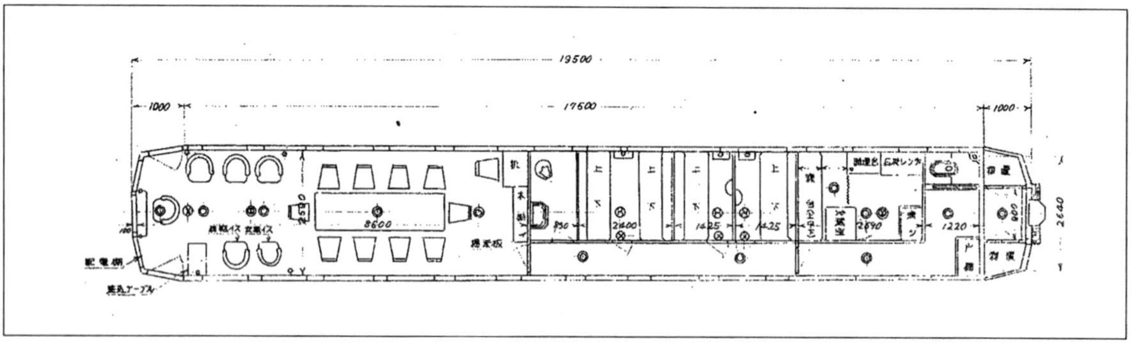

マヤ3（マヤ57 1）平面図

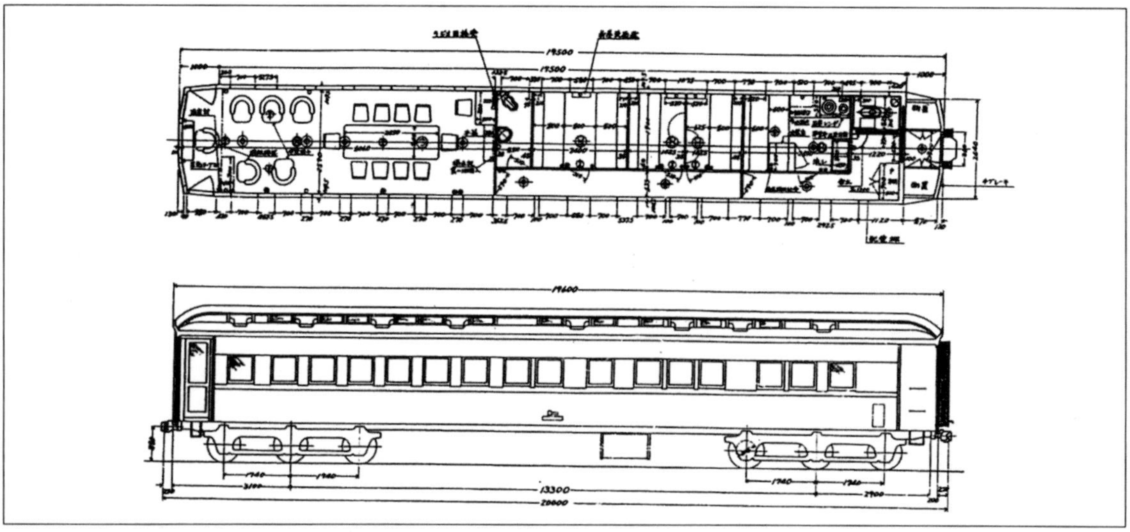

マヤ38 51形式図

試験に使用されるマヤ38 51。　1961.2.1 青森 P：星 晃

特別職用車としての使命を終えると1952（昭和27）年に試験車マヤ37 51に改造されている。改造とはいっても図面上はまったく変化がなく実質的な改造はなかったと思われる。後位側のデッキが塞がれているが、マヤ3（マヤ57 1）時点の図面も同様であり、いつの時点でこうなったのかは判然としない。試験車とはいっても固定した試験設備を搭載することはなく、随行員の控車として使用され、特急〈かもめ〉、急行〈越路〉などのスピードアップの試運転にも活躍した。その際、展望部分の上部に前照灯を設けた場合もあった。1970(昭和45)年に廃車となっている。

▲マヤ38 51の車内。試験設備はその都度持ち込まれて使用されていた。
1961.2.1 P：星 晃

■車歴

1931. 3　マイネロ37260　鷹取工新製
1941. 10　マイネロ37 1　改番
1945. 9　軍用1次改造　苗穂工改造
特別車、軍番号1704、軍名称St.LOUIS
1946. 7　軍用2次改造　盛岡工改造
1950. 6　マヤ3（マヤ57 1）大宮工改造
1952. 3　マヤ37 51　大宮工改造
1953. 6　マヤ38 51　改番
1970. 3　廃車

▶マヤ38 51。手摺が追加されている。展望室スタイルは最後まで残った。　1966.1.5 尾久
P：小池 潤

スヤ4（スヤ39 1）。帯の色は残っている様だ。　1950.9.15 尾久 P：菅野浩和

スヤ4（スヤ39 1）本庁用

本車の始まりは1926（昭和元）年に新製されたスシ48681である。前位に調理室、後位側に定員30名の食堂を有する点は標準的な構造の食堂車であり、ほかに後位側に喫煙室があるほか、後位側デッキ部分は塞がれていて、物置となっている。1928（昭和3）年には客車の大改番が行われ、スシ37701となっている。戦時中は優等車の廃止により、本形式の大部分は三等車に改造されており、本車も1944（昭和19）年にマハ47 172に改造された。しかし実際は決済のみで現車は未施工のまま鷹取工機部内に長期休車となっていた。

なお、このことは運輸公報1948（昭和23）年10月16日発行の通報『「スイネ39 1」及びスイテ47 1号車の取り扱いについて』に「マハ47 172号はスシ37 12号を改造して決済処理されているが、現車は改造中断のまま長期休車となっていた」として記録されている。当時、星 晃氏が記録に留めたいという思いで、掲載したとのことである。当時はまた、多くの3軸ボギー優等車が三等車に改造されているが、このように現車改造未完了も他にあったと推測される。

話は戻るが、視察旅行が頻繁に行われてスイテ47 1

スヤ4（スヤ39 1）。1951年頃の撮影と思われる。　所蔵：小松重次

スイネ39 1。特別職用車制度ができる前の極めて貴重な1カットである。　1949.5.28 尾久 所蔵：小池 潤

の1輛だけでは足りなくなると、本車は1948(昭和23)年に特殊営業車スイネ39 1として改造されている。内部は全面的に変更され、寝台・会議室・調理室が設けられている。

1950（昭和25）年に特別職用車スヤ4（スヤ39 1）に改造されているが、図面で限りスイネ39 1と違いはなく、実質的な改造はなかったと考えられる。

1953（昭和28）年にはスイ48 1、また同年6月の番号整理によりスイ99 1となり、1960（昭和35）年に廃車となっている。

■車歴

1926	スシ48681　川崎造船所新製　スシ48670形
1928.3	スシ37711　改番　スシ37700形
1941.10	スシ37 12　改番
1944	マハ47 172　名古屋工改造　現車未施工
1948.6	スイネ39 1　大宮工改造
1950.6	スヤ4（スヤ39 1）大宮工改造
1953.3	スイ48 1　改番
1953.6	スイ99 1　改番
1960.3	廃車

スイ48 1。本形式への改番は1953年3月のはずであるが、早めに実施されていた様である。　1952.12.6 尾久 P：伊藤 昭

スイ99 1。1953年の改番により2ケタ形式の末尾に無理やり押し込められた。あまり活躍せず1960年に廃車となっている。　P：鈴木靖人

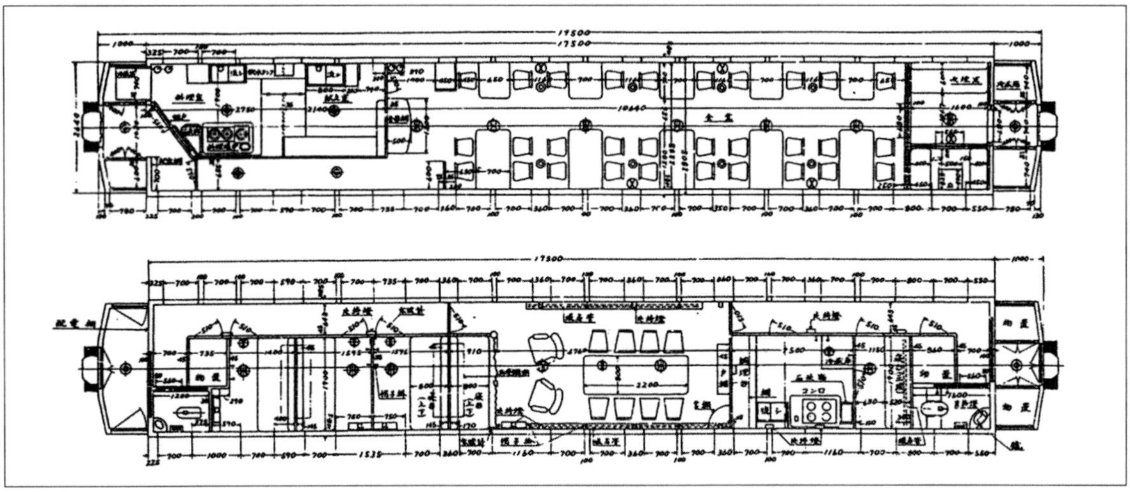

スイネ39 1平面図

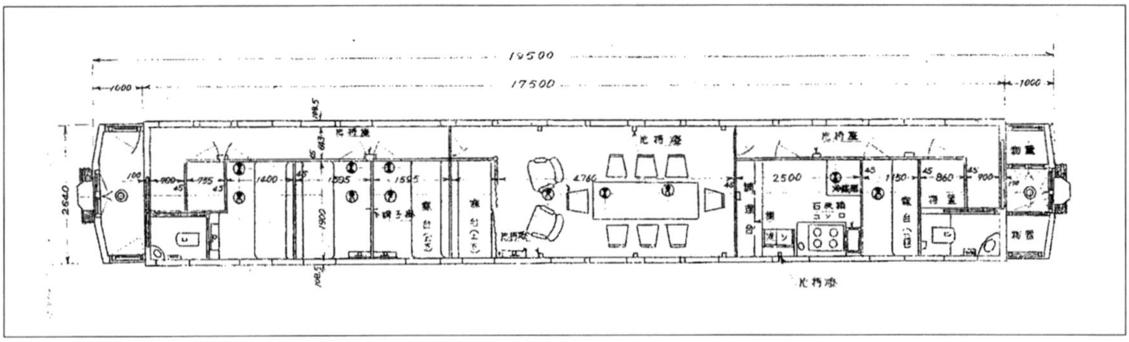

スヤ39 1平面図

スヤ5（スヤ34 2）本庁用

本車は1930（昭和５）年新製のスハ33909形が源である。本形式は固定座席式の三等車スハ33900形として特急〈富士〉用に製造されている。しかしスハ32800形（後のスハ32形）などが増備されると不運が始まる。当形式に押し出される形でスハ33900形は1937（昭和12）年にスハ32550形に形式変更を余儀なくされ、それも日中戦争の影響により大部分が1938（昭和13）年に病客車スヘ32550となり、座席は撤去され畳敷きとなった。なお「ヘ」は「病気」の旧カナ遣いによる「ベウキ」からとられている。1941（昭和16）年の改番ではスヘ30形となるが、1943（昭和18）年には本車をはじめ、スヘ30 15～17の3輛には保護室が設置され、スヘセ30 15～17と標記されることとなった。この「セ」は精神病患者を示している。終戦後も本車は極めて特別な経歴を進むこととなる。

まず1946（昭和21）年に本車は病院車スヘ31 11に改造された。後位側の畳敷きは生かされたが、前位側には調理室２ヶ所と寝台が設けられている。また車体中央付近には両開きの側扉が設けられているのが特徴である。

次に戦後、GHQの勧告により石炭調査団が編成された。これは労使の紛争及び経済事情の悪化等により石炭鉱業が不振となり石炭の不足を招来し、各種の産業及び鉄道輸送にも重要な影響を及ぼすに至ったのが原因である。これが打開のため米国から炭礦特別調査団が派遣され北海道、常磐、九州各地の炭礦の巡察が行

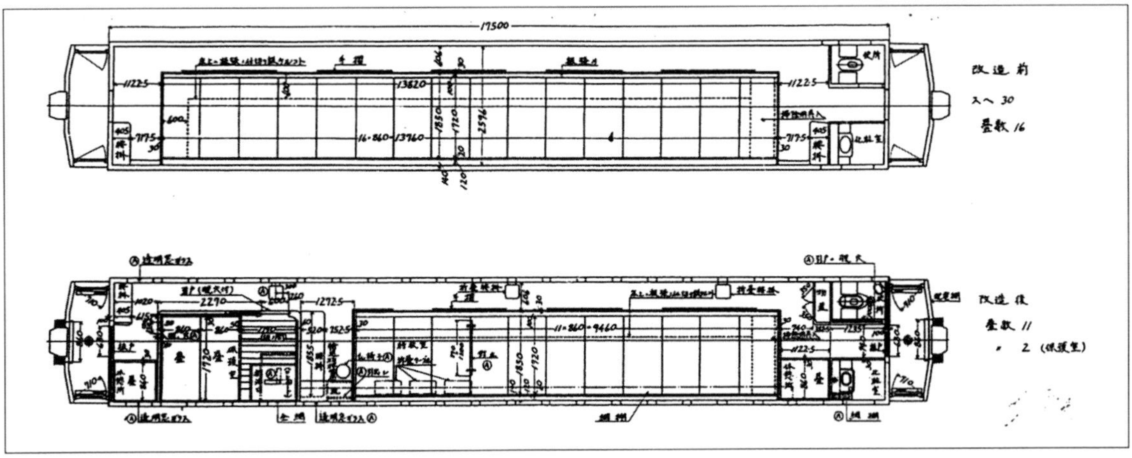

スヘ30（上）・同保護室付き平面図

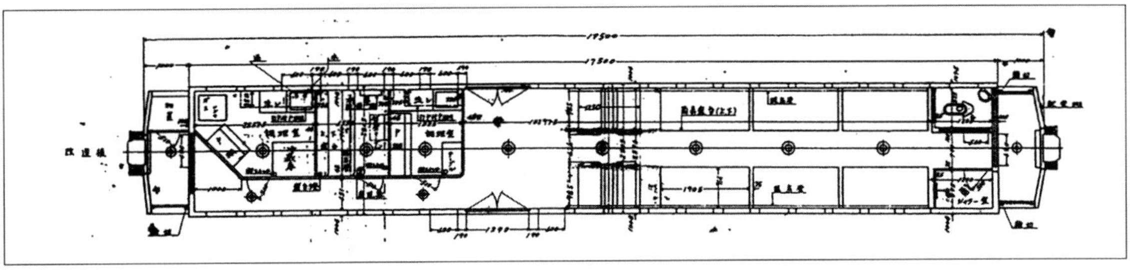

スヘ31 11平面図

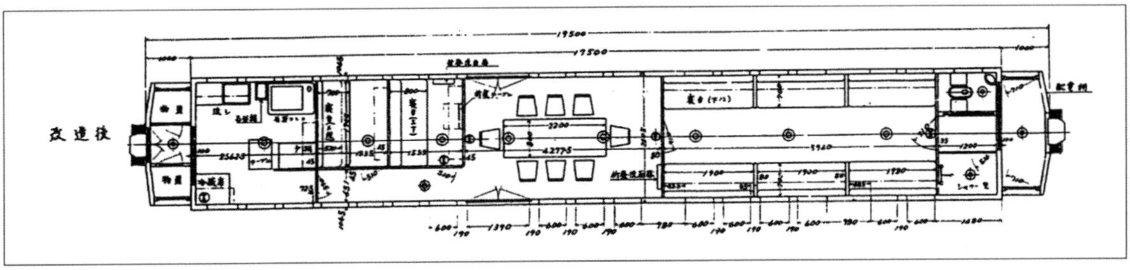

スヤ5（スヤ34 1）平面図

◀石炭調査団専用車スイネ34 1の引渡し時の記念写真。軍名称を模して書かれた「BLACK DIAMOND」の文字が見える。
1948.8.25 品川 P:星 晃

◀▼9日違いで撮影されたスヤ5（34 2)。左の写真では逆光なので目立たないが、石炭調査団専用車時代の帯を消した跡が残っている。
(左) 1950.9.15 尾久 P：菅野浩和
(下) 1950.9.24 尾久 P：中村夙雄

スハ33 26に復元される直前のスヤ５の姿。　1952.1.1　尾久　P：伊藤　昭

われたが、この調査団の輸送には連合軍専用車のうちから軍側が２輌を特に指定している。これがスヘ31 11から改造されたスイネ34 2と、スヤ30（スヤ51 19）の種車となるスイネ34 1である。

当時は石炭は「黒ダイヤ」として日本復興のための貴重な資源として考えられていた。この２輌はまさにその視察のための車輌である。星晃氏によれば、標記に際し白帯でJGRと書いてよいとMRSの許可があり、その際に軍名称をまねてスイネ34 1に「BLACK DIAMOND」と書いてみた。1948（昭和23）年８月に品川検車区で引き渡す際、ESSの担当官にこのデザインを大変褒められたため、もう１輌のスイネ34 2も同じ名前で標記したとのことである。

特別職用車への改造では、２ヶ所あった調理室のうち前位側のほうが残され、もう片方は寝台に改造されている。また両開きの側扉は残されていた。なおこの時期は、1951（昭和26）年３月高砂工場と記録されているが、他車と比較すると遅い。また、1950(昭和25)年４月作成の表でも、同年９月撮影の写真にもスヤ５が記録されており、記録の誤りと考えられる。

用途終了後、1952（昭和27）年にスハ33形に復元されている。当初はスハ33 4が計画されていたが、スハ33 26となった。1955（昭和30）年頃まで茅ヶ崎機関区に配属され、相模線で異色の活躍をした。1963（昭和38）年にはオハネ17 141の種車となり姿を消している。

■車歴

1930. 3　スハ33909　汽車東京新製　スハ33900形
1937. 3　スハ32568　改番　スハ32550形
1938. 3　スヘ32568　幡生工改造　スヘ32550形
1941. 10　スヘ30 17　改番
1943　スヘセ30 17　改造
1946. 4　スヘ31 11　小倉工改造
　病院車、軍番号2912、軍名称BRISCOM
1948. 8　スイネ34 2　大宮工改造
1951. 3　スヤ5（スヤ34 2）　高砂改造
　（改造日に疑問あり）
1952. 3　スハ33 26　土崎工改造
1963. 10　オハネ17 141　大宮工改造
1966. 12　スハネ16 141　小倉工改造
1974. 4　廃車

▶スハ33 26に復元後の姿。側扉のあった部分にリベットがないことだけが名残である。
P：鈴木靖人

スヤ6（スヤ48 1）。前位側から見る。　1955.9.24　尾久　P：伊藤　昭

スヤ6（スヤ48 1）本庁用

本車は1938（昭和13）年にマイロネフ37290形マイロネフ37292として製造された。本形式はマイロネフ37290～37292の3輛があり、戦前では唯一のプルマン式寝台であるのが大きな特徴で、皇室用として特に新製されている。1941（昭和16）年の改番でスイロネフ38 3に変わっている。

軍用接収では軍用合造寝台車となりその後車掌弁が撤去されスイロネ37 3となっている。冷房装置が設置されたため配電盤を後位側車端に設けることとなり、4位側のデッキが閉鎖された。

1950（昭和25）年、特別職用車として改造されるとスヤ6（スヤ48 1）になるが、車内は既に豪華な造りであり、図面で見る限り構造上の変更点はない。

1952（昭和27）年、これまでの皇太子殿下非公式専

スヤ6（スヤ48 1）。4位側のデッキは閉鎖されている。　所蔵：小池　潤

マイロネフ37292。皇室用として新製された。　所蔵：小池　潤

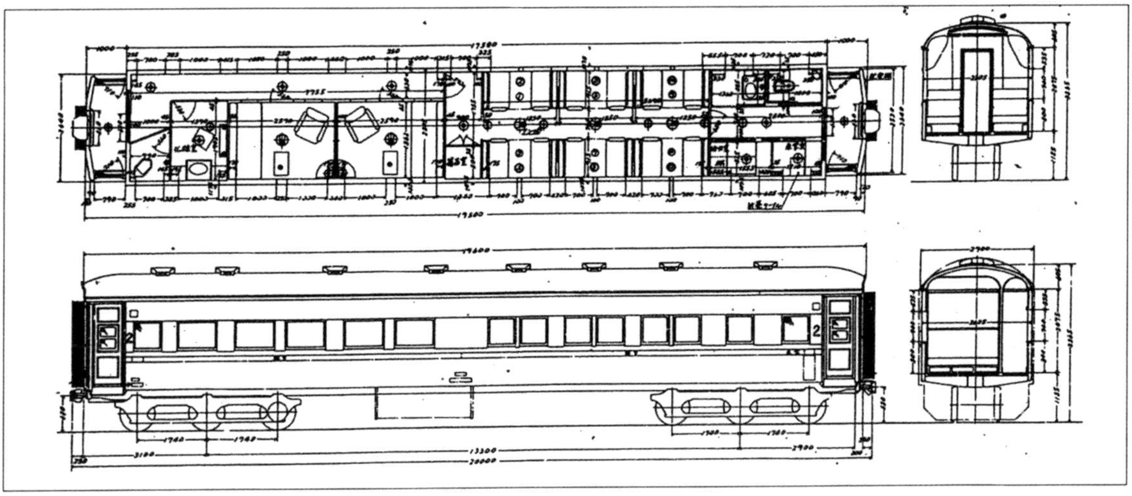

スイロネフ38形式図

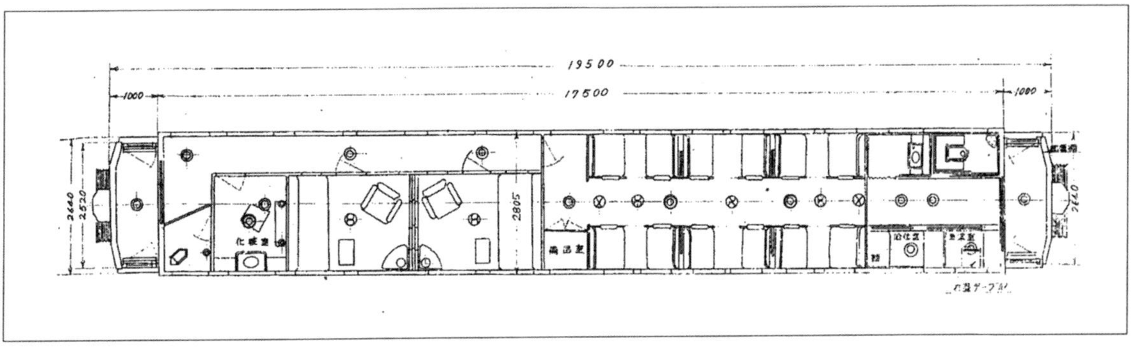

スヤ48 1平面図

マイロネフ38 1。4位側に車掌室の開き戸が設置された。　P：鈴木靖人

用車スロハ32 67に代わって充当されることとなり、スイロネ37 3に改造された。続いて手ブレーキと車掌弁の復元改造を受けてマイロネフ38 1となったが、このとき4位側にある車掌室に開戸が設置されている。1955（昭和30）年の改番ではマロネフ59 1に変わっている。1961（昭和36）年廃車となるが、高砂工場で保管後、同年に大阪の交通科学館（現交通科学博物館）に保存されたのち、現在は京都鉄道博物館に展示されている。

余談ながら、残り2輌のマイロフネ37290形の経歴も大変複雑で興味深い。参考のため以下に紹介する。

マロネフ59 1に改番後の姿。　1955.9.24　P：鈴木靖人

反対側から見たマロネフ59 1。こちら側の窓配置には変更が生じていない。　1956.1.30　P：鈴木靖人

●マイロネフ37290として新製（1938年小倉工）
→マイロネフ38 1に改番（1941年）、
同年スイロネフ38 1に改番
→軍用接収（1946年軍番号1309・軍名称SUN ANTONIO）
→スイロネ37 1に改造（1949年）
→御料車14号に改造（1952年）
→JR東日本引継ぎ（1987年）、現有車
●マイロネフ37291として新製（1938年小倉工）
→マイロネフ38 2に改番（1941年）、
同年スイロネフ38 2に改番
→軍用接収（1946年軍番号1307・軍名称MEMPHIS）
→スイロネ37 2に改造（1949年）
→マイロネ39 1に改番（1953年）
→マロネ58 1に改番（1955年）
→スヤ39 11に改造（1960年）
→廃車（1975年）

■車歴

1938. 9	マイロネフ37292　鷹取工新製 マイロネフ37290形
1941. 10	マイロネフ38 3　改番
1941. 11	スイロネフ38 3　改番
1946. 1	軍用接収 軍番号1308、軍名称HART FORD
1949. 6	スイロネ37 3　改造（1949年）
1950. 6	スヤ6（スヤ48 1）　大宮工改造
1952. 8	スイロネ37 3　大宮工改造
1952. 12	マイロネフ38 1　大宮工改造
1955. 7	マロネフ59 1　改番
1961. 8	廃車

▶交通科学博物館に保存中のマロネフ59 1。のちにホームが再現され、多少見づらかった。いまは京都鉄道博物館に展示されている。
1990.12.23　P：藤田吾郎

スヤ21（スヤ51 11）東鉄用

本車のスタートは1940（昭和15）年製のスロハ31569である。翌年改番によりスロハ32 20となっている。窓幅1200㎜の二等室と1000㎜の三等室の組み合わせは、オロ40形とオハ35形の折衷型であり、誠に優雅な雰囲気を醸し出している。1946（昭和21）年、軍用改造により、酒保車スミ36 2となり、大幅に改造されて物品陳列棚・冷蔵庫・寝室・休憩室などが設けられている。「酒保」とは軍用用語であり売店のことを示し、国鉄（運輸省）でも後に販売車という名称に改まっている。購買所には幅1000㎜の両開き式の開き戸もあった。翌年軍用二次改造により、スイネ32 21となり、寝室・休憩室は生かされたものの、さらに寝台が増加され、便洗面所も車体中央から後位側端に移設されるなど、大幅な改造が行われている。

1950（昭和25）年、スヤ21（スヤ51 11）に改造された際はこの側の寝台・便洗面所が生かされ、前位側に密閉式展望室と会議室が設けられている。本車は地方局用であるが東鉄用であり、幸いにして写真が多く残されている。これによれば、展望室部分はスヤ1（スヤ51 1）とは異なり、3枚の大窓の上「おでこ」部分を広くした設計となっている。

用途終了後はスロハ32 20に復元予定であったが計画変更となり、1952（昭和27）年に北海道向けとしてスロハ32 102に改造された。ここでスロハ32形100番代は北海道向けとして101〜105があるが、どれもこのようにスヤ51形の復元車である。その後2輌がスハネ16形に改造、3輌は1965（昭和40）年9月格下げによりスハ50形200番代となるが、1966（昭和41）年1月には揃って廃車となっており、これまで写真が見つかっていない「まぼろしの番代」である。本車は1963（昭和38）年にオハネ17 504に改造されて事実上姿を消している。

■車歴

1940.7　スロハ31569　汽車東京新製
　スロハ31550形
1941.10　スロハ32 20　改番
1946.10　スミ36 2　幡生工改造
　酒保車、軍番号2706、軍名称BUZZARDS BAY
1947.6　スイネ32 21　大宮工改造
　MRS地区指令官車、軍番号・軍名称は不変
1950.3　スヤ21（スヤ51 11）　大宮工改造
1952.9　スロハ32 102　長野工改造
1963.11　オハネ17 504　土崎工改造
1968.7　スハネ16 504　五稜郭工改造
1983.6　廃車

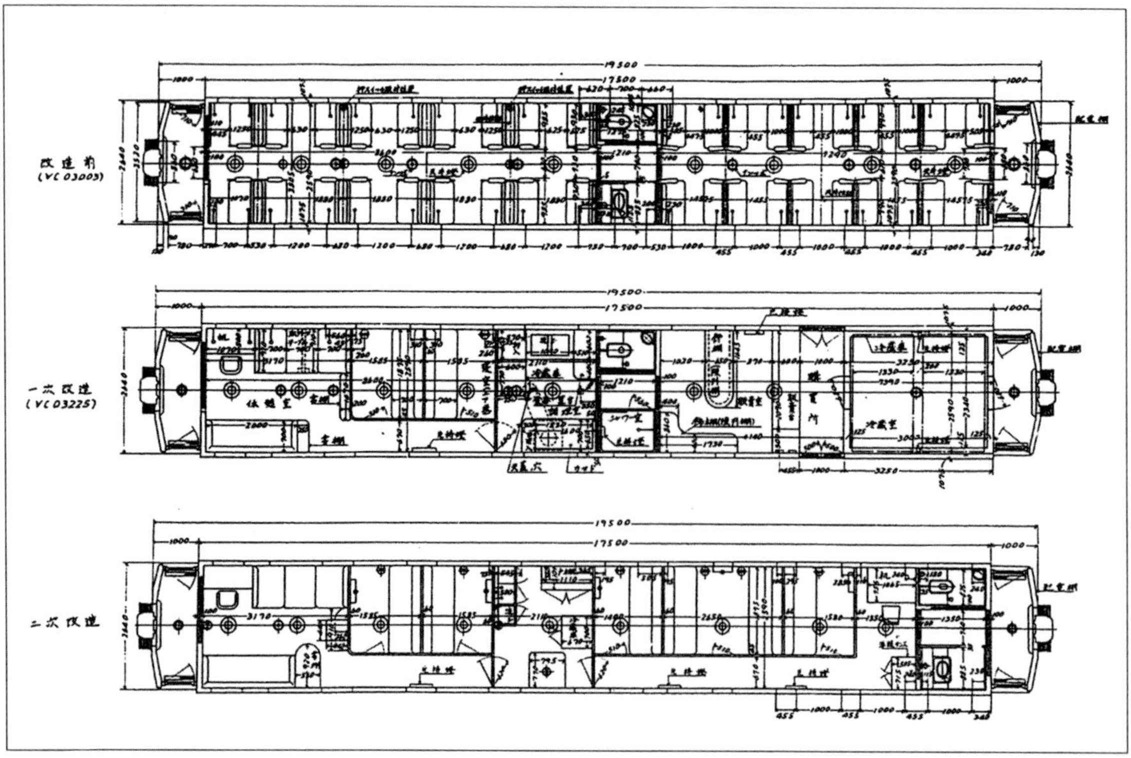

スロハ32（上）・スミ36 2（中）・スイネ32 21（下）平面図

▲スヤ21（スヤ51 11）配属標記が車端にある。
1952.1.1　尾久　P：伊藤　昭

▶スヤ21（スヤ51 11）落成年の撮影である。
1950.9.15　尾久　P：菅野浩和

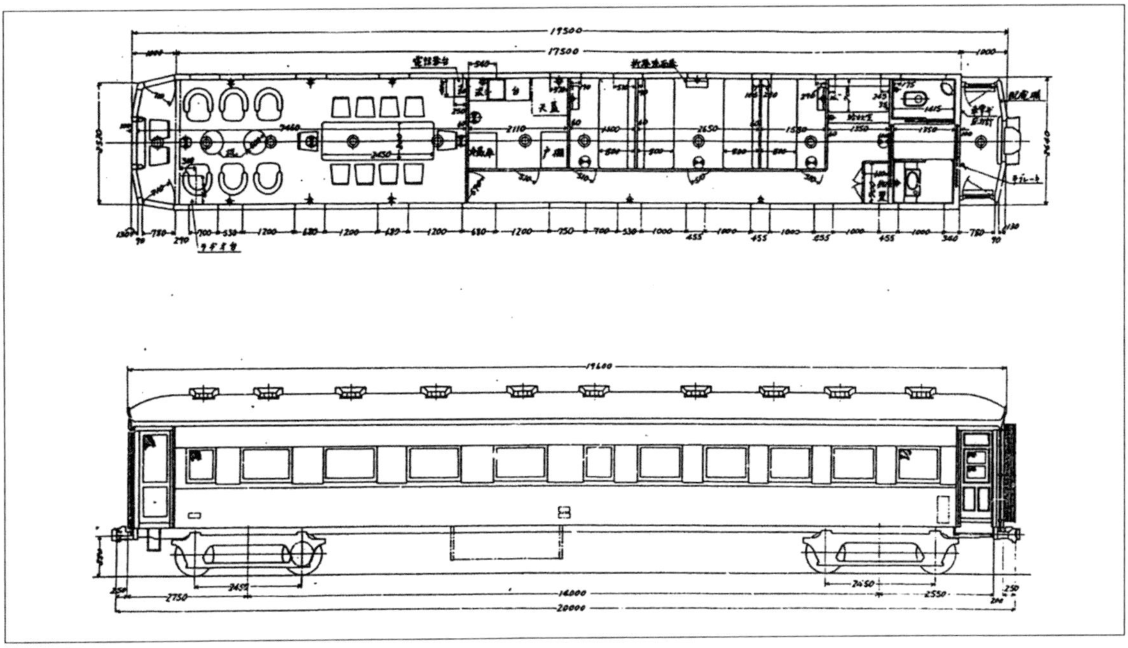

スヤ51 11形式図

スヤ21（スヤ51 11）。配属標記が車体中央に移っていることに注意。 1952.3.21 高崎 P：長谷川弘和

軍番号2702（国鉄番号スミ36 3）「STILL WATER」。酒保車として改造されている。 所蔵：星 晃

スヤ22（スヤ51 12）名鉄用

本車以下、スヤ22〜24（スヤ51 12〜14）は、ほぼ同じ動きをたどっている。本車は1940（昭和15）年にスロハ31557として登場、翌年改番によりスロハ32 8となる。軍用接収により酒保車スミ36 3となり、構造は前述のスミ36 2と同様である。ただし軍用二次改造はなく、直接特別職用車スヤ22（スヤ51 12）に改造されている。

1950（昭和25）年にスヤ22（スヤ51 12）に改造された際は、前位側にあった寝台の一部と、車体中央の便洗面所が生かされたものの、残りは大改造となり、中央に調理室、展望室・会議室は後位側に設けられている。本車の写真は発見されておらず、展望室部分のスタイルがどのようであったか、残念ながら知られていない。

用途終了後はスロハ32 8に復元予定であったが計画変更となり、1952（昭和27）年に北海道向けとしてスロハ32 101に改造され、1963（昭和38）年にはオハネ17 503の種車となり姿を消している。

■車歴

1940　スロハ31557　新潟鉄工所新製
　スロハ31550形
1941.10　スロハ32 8　改番
1946.11　スミ36 3　名古屋工改造
　酒保車、軍番号2702、軍名称STILL WATER
1950.3　スヤ22（スヤ51 12）　名古屋工改造
1952.10　スロハ32 101　長野工改造
1963.10　オハネ17 503　土崎工改造
1968.6　スハネ16 503　旭川工改造
1980.12　廃車

軍番号2702（国鉄番号スミ36 3）の車内。中央に扉が新設されている。
所蔵：星 晃

軍番号2702（国鉄番号スミ36 3）の車内。売店として改造されている。
所蔵：星 晃

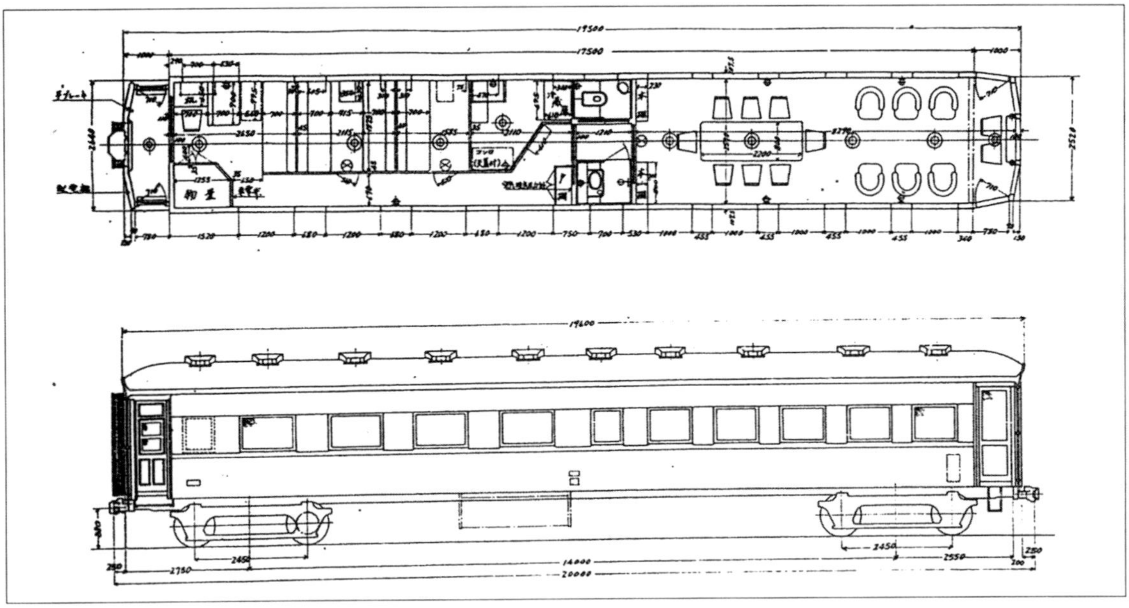

スヤ51 12形式図

スヤ23（スヤ51 13）大鉄用

本車は前述スヤ22（スヤ51 12）と大体同じ経歴である。本車は1940（昭和15）年にスロハ31574として登場、翌年改番によりスロハ32 25となる。軍用接収によリ酒保車スミ36 4となり、構造は前述のスミ36 2･3と同様である。軍用二次改造はなく、直接特別職用車スヤ23（スヤ51 13）に改造されている。

1950（昭和25）年にスヤ23（スヤ51 13）に改造された際は、前位側にあった寝台の一部と、車体中央の便洗面所が生かされたものの、残りは大改造となり、展望室・会議室・調理室が設けられている。ただしスヤ22（スヤ51 12）と異なり、展望室が狭くなり、調理室は後位側に広く確保されている。本車の写真は幸い数点残されていて、展望室部分はスヤ21（スヤ51 11）と同じであることが確認できる。また、吉田明雄氏の実見詳細メモがあり、これを引用する。

●吉田明雄氏のメモ

大鉄局長車は吹田工機部で改造中であったが、去る1950（昭和25）年6月17日工場試運転を完了、6月20日所属区宮原検車区（大ミハソ）に回送された。この度、完成にあたり、同工機部車輌課渉外係前田氏の御好意により、宮原へ回送直前の同局長車車内を見学することができたので、その概要を記録する。

当車は連合国軍接収解除のスミ2725（スミ36 4）の一部を利用して改造したもので、解除以来、1949（昭和24）年9月まで工機部の一隅に放置してあったもので、本庁への具申その他の事情で、工事の施工が遅れ、1949（昭和24）年末より改造工事に着手し、1950（昭和25）年5月中旬に一応車内の改造を終了し、室内調度品、家具類等の揃うのを待って6月中旬全部の工程を完了。6月20日宮原に回送された。

車内は視察用として各地に巡回できる様、会議室、寝室、調理室、便所、洗面所等があり、会議室はロビー風のしゃれたもので、後部は視察の際見通しの聞く様、ガラス張りの国鉄最初の密閉式展望室となり、前には椅子2脚と安楽椅子2個があり、中央には会議用の机と椅子8脚がある。窓にはパナマの巻上カーテンがあり、他に冬用の紅色唐草模様ドンスのカーテンと、夏物の淡水色ベール地のカーテンまで3通りあり、天井の室内等のほか、三方に片持ち式が付けられている。

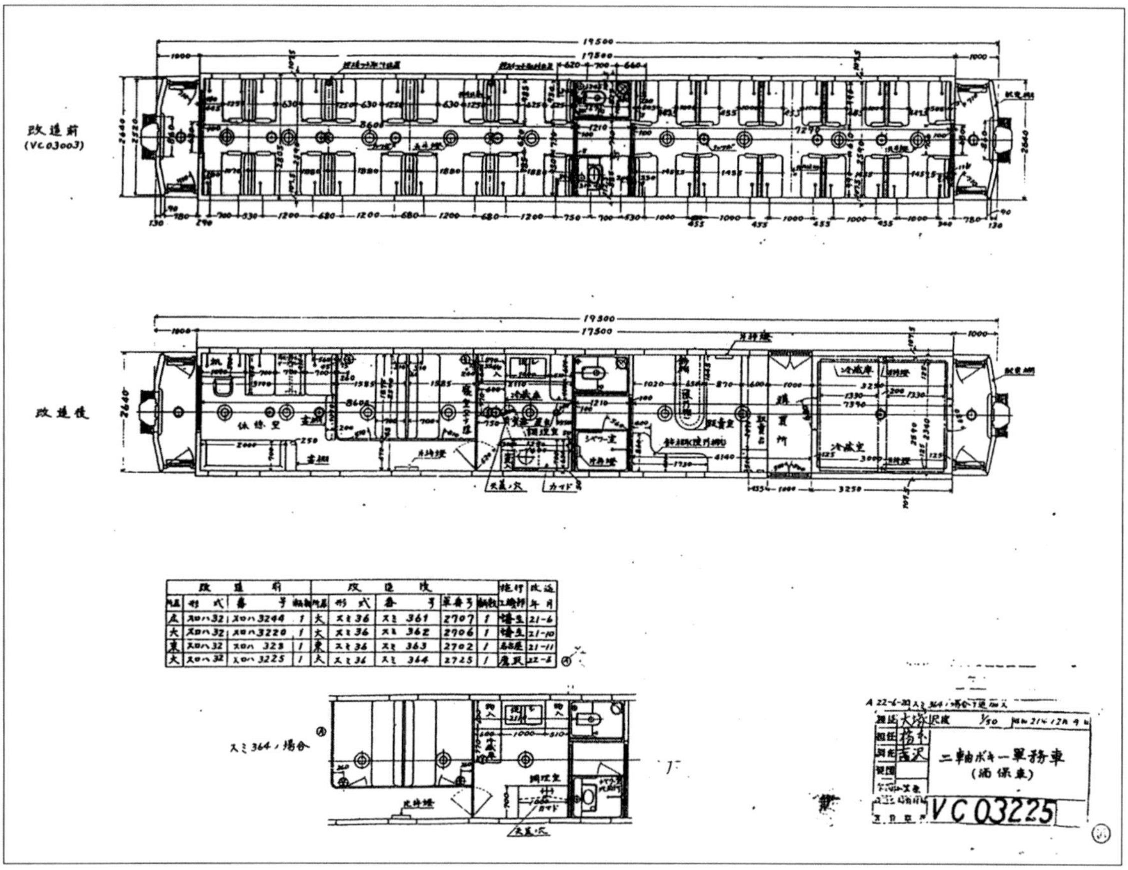

スミ36平面図

スヤ23（スヤ51 13）。スヤ22（スヤ51 12）と同様にスミ36からの改造である。　1950.8.23　宮原操　P：奥野利夫

スヤ23（スヤ51 13）車内。展望室部分は定員4名分で大変狭い。　1950.8.23　宮原操　P：奥野利夫

▶スヤ23（スヤ51 13)。不鮮明であるが全体がわかる貴重なカット。
1950.10.15 宮原操
所蔵：瀬古龍雄

▼スロハ32 105。復元後の姿で面影はまったくない。
1963.8.15 岩見沢
P：吉野 仁

寝室は上下2段の区分室2組(寝台4名、座席8名)があり、ほかに座席6名分がある。調理室には料理用の石炭レンジ、冷蔵庫、流しまである。

なお室室と会議室の天井には扇風機が1個ずつ装備されており、一度車内を見た人はその設備の良さと豪華さに目を見張るものである。宮原に回送後はちょっと簡単に見学も許されず、本当に貴重な記録となった。

用途終了後はスロハ32 25に復元予定であったが、1952（昭和27）年に北海道向けとしてスロハ32 103に改造され、1965（昭和40）年にはスハ50 201に格下げ、翌年に廃車となっている。

■車歴

1939.10　スロハ31574　日車本店新製
　　　　　スロハ31550形
1941.10　スロハ32 25　改番
1947.6　スミ36 4　鷹取工改造
　酒保車、軍番号2725、軍名称GREAT FALLS
1950.3　スヤ23　(スヤ51 13)　吹田工改造
1953.6　スロハ32 103　長野工改造
1965.9　スハ50 201　五稜郭工改造
1966.1　廃車

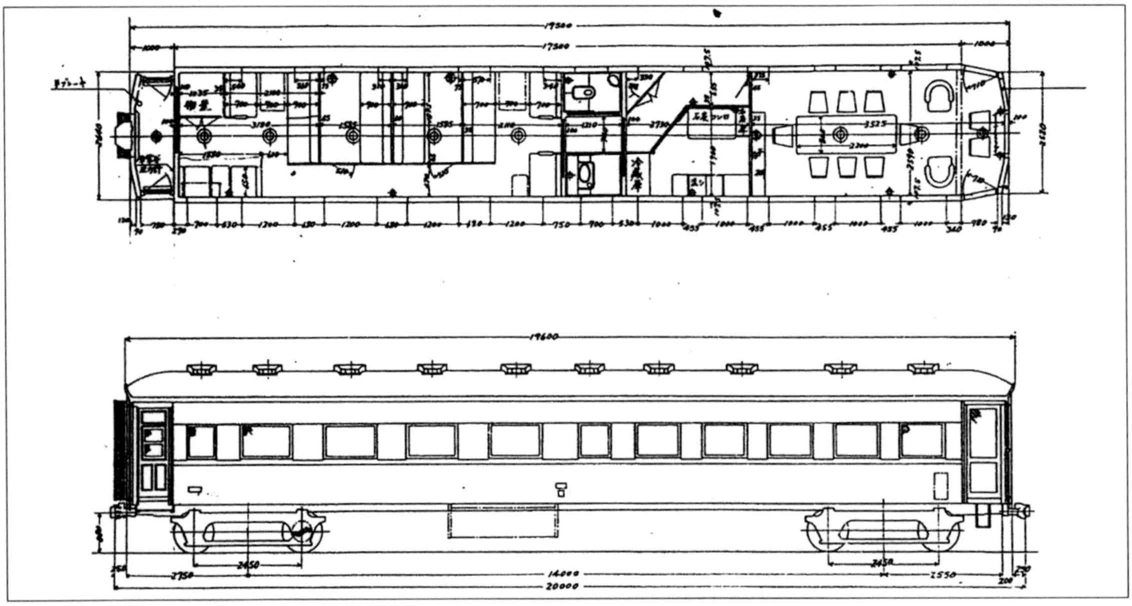

スヤ23（スヤ51 13）形式図

▶スロハ32 105。復元後の姿で特別職用車時代をしのぶことは困難である。　P：鈴木靖人

スヤ24（スヤ51 14）広鉄用

本車も前述スヤ22・23（スヤ51 12・13）と大体同じ経歴である。本車は1940（昭和15）年にスロハ31593として登場、翌年改番によりスロハ32 44となる。軍用接収により酒保車スミ36 1となり、構造は前述のスミ36 2〜4と同様である。軍用二次改造はなく、直接特別職用車スヤ24（スヤ51 14）に改造されている。

1950（昭和25）年にスヤ24（スヤ51 14）に改造された際は、スヤ22（スヤ51 12）とほぼ同一の仕様となっており、強いて言えば給仕用の寝台がない点が異なる。本車も写真が発見されておらず、展望室部分のスタイルについては知られていない。

用途終了後はスロハ32 44に復元予定であったが、1952（昭和27）年に北海道向けとしてスロハ32 105に改造され、1965（昭和40）年にはスハ50 203に格下げ、翌年に廃車となっている。

■車歴

1940. 2　スロハ31593　日本車輌新製

　スロハ31550形

1941. 10　スロハ32 44　改番

1946. 6　スミ36 1　幡生工改造

　酒保車、軍番号2707、軍名称SUTTER'S CREEK

1950. 3　スヤ24（スヤ51 14）　幡生工改造

1952. 8　スロハ32 105　苗穂工改造

1965. 9　スハ50 203　五稜郭工改造

1966. 1　廃車

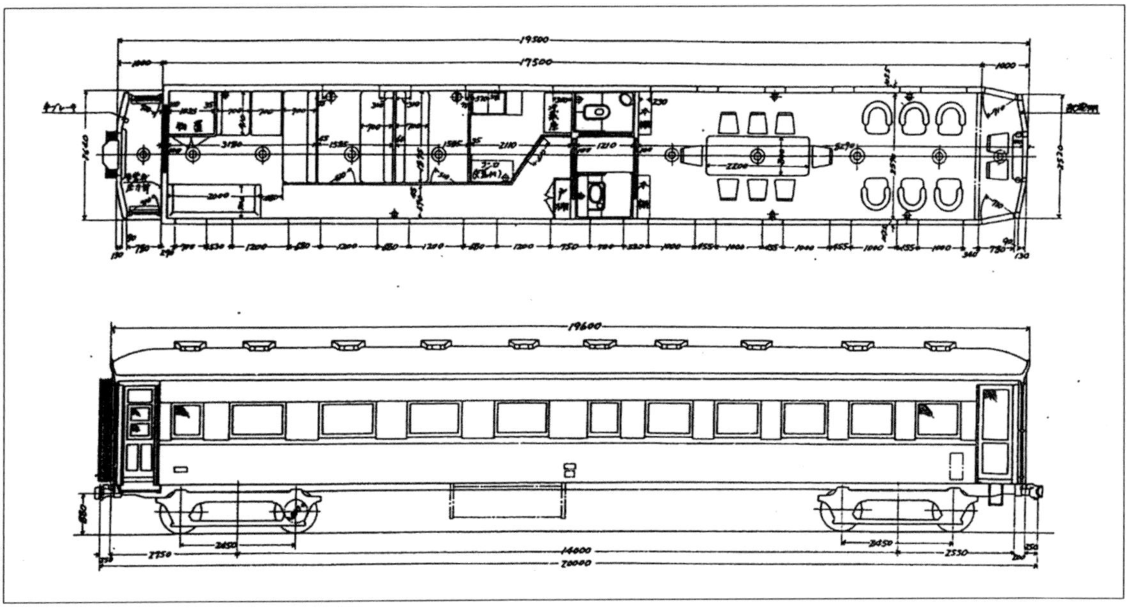

スヤ24（スヤ51 14）形式図

スヤ25（スヤ51 15）四鉄用

本車のスタートは1941（昭和16）年製のスハニ35811である。同年さっそく改番となり、スハニ32 62となった。1945（昭和20）年にオロ41形（初代）に改造され、元三等室には二等室用シートが並べられ、元荷物室には調理室などが設けられた。なおこのオロ41形は初代であり、短期間の存在であり、1948（昭和23）年登場の同一形式とはまったく関係ないことに注意を要する。翌年2次改造により二等室が一等寝台室に変更されてオイネ31 21になっている。この間から特別職用車時代に至るまで、荷物扉はそのまま残されている。

特別職用車への改造では、前位側に展望室・会議室・寝台、後位側に厨房が設けられて、大幅な変更となっ

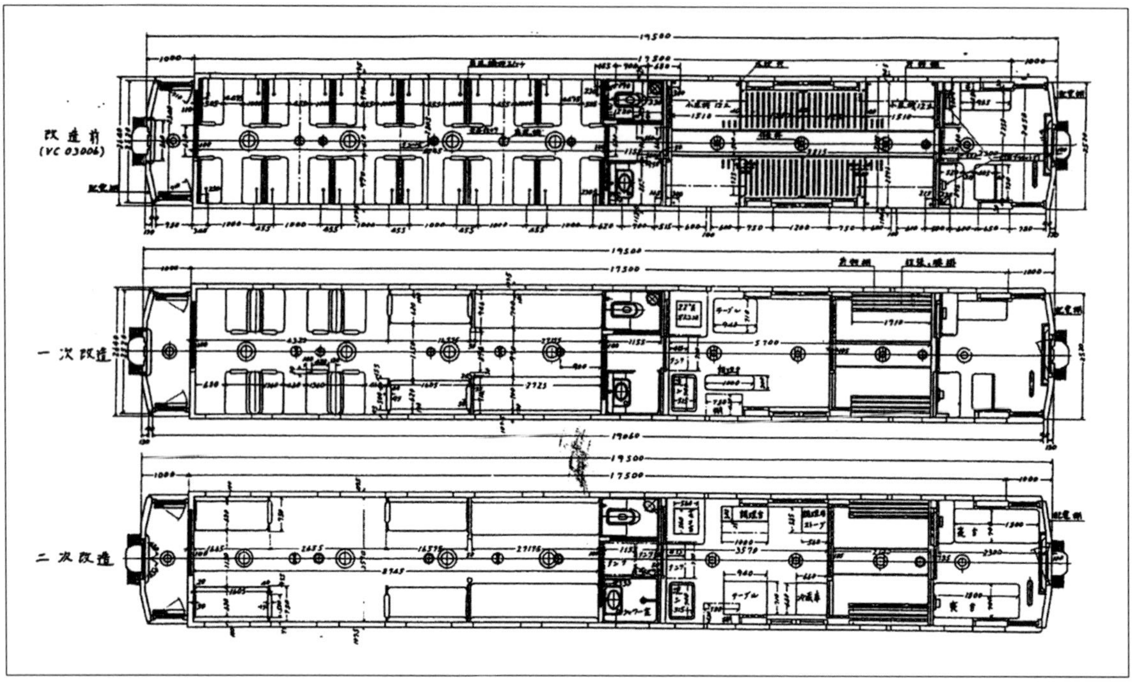

スハニ32（上）・オロ41 1（中）・オイネ31 21（下）平面図

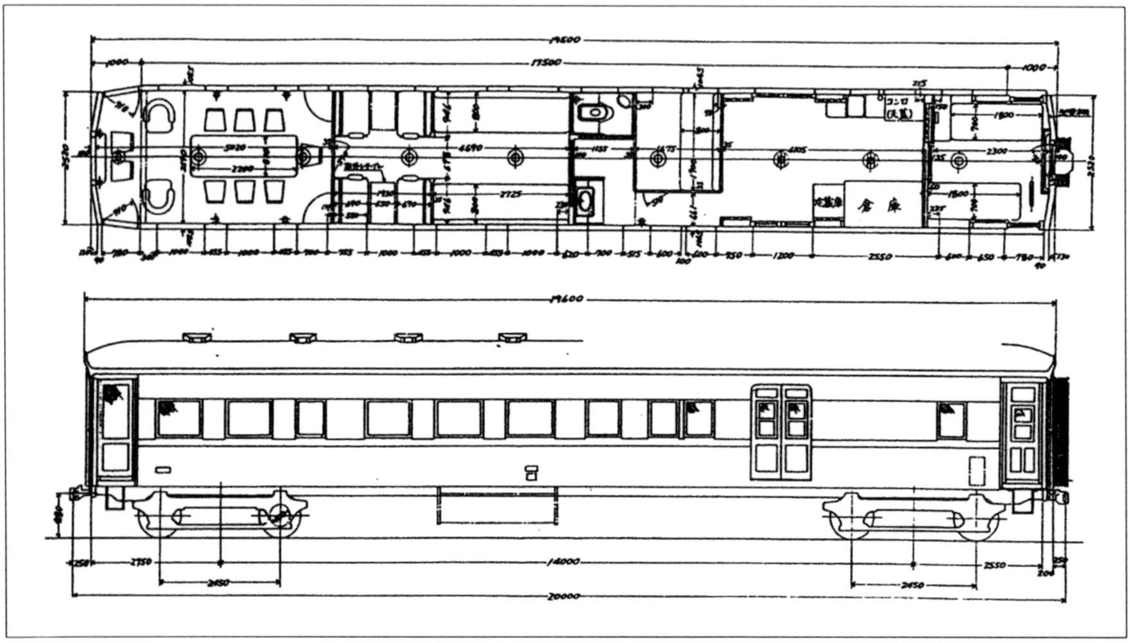

スヤ51 15平面図

ている。展望室は定員4名と大変狭く、スヤ23（スヤ51 13)に似ている。本車も写真が見つかっていないのが残念である。

用途終了後はスハニ32 62に復元され、1968年に廃車となっている。

■車歴

1941．2　スハニ35811　日車東京新製

　　　　スハニ35750形

1941.10　スハニ32 62　改番

1945.10　オロ41 1（初代）　大宮工改造

　特別車、軍番号1707、軍名称FALL RIVER

1946．5　オイネ31 21　大宮工改造

　　　　軍番号・軍名称は不変

1950．3　スヤ25（スヤ51 15）　多度津工改造

1953．3　スハニ32 62　多度津工改造

1968.10　廃車

スヤ26（スヤ51 16）門鉄用

本車は1930(昭和15)年、スハフ35255として東京～下関間の特急〈さくら〉の固定座席三等座席車として製造されている。本形式はスハフ35250形スハフ35250～35261の12輌が華々しくデビューしているが、その後スハ32800形（後のスハ32形）が増備されると活躍の場が狭まり、1937（昭和12）年の日中戦争の影響もあって全車傷病兵輸送用のスヘフ35250形に改造されている。このとき座席はすべて撤去され、畳敷きとなっている。1941（昭和16）年の改番でスヘ31 13に変わっている。1946（昭和21）年には軍接収により病院車スヘ31 13となり、後位側の畳敷きは生かされ、前位側にはシャワー室・寝台・調理室が設けられている。

1950（昭和25）年の特別職用車スヤ26（スヤ51 16）への改造では、前位側はその間取りが生かされ、寝台と調理室が整備され、また後位側は会議室と展望室が設けられている。

用途終了後も本車は復元されることなく、1954（昭和29)年に建築限界測定車オヤ31 21に改造された。中央にあった便洗面所が元の会議室に移設されたため、会議室・展望室部分は狭くなったものの、残されることとなった。その後九州旅客鉄道に引き継がれて半世紀生き続けた。所属は門司港であるが、近年は小倉工場に保管されていた。しかし老朽化が著しく、2005年に廃車となり解体処分されている。

■車歴

1930．3　スハフ35255　汽車東京新製　スハフ32550形

1938．3　スヘフ35255　大井工改造　スヘフ32550形

1941.10　スヘフ30 6　改造

1946．5　スヘ31 13　小倉工改造

　病院車、軍番号2911、軍名称BRISTOL

1950．3　スヤ26　(スヤ51 16)　小倉工改造

1954．3　オヤ31 21　小倉工改造

1987．4．1　九州旅客鉄道に引継ぎ

2005．3．31　門司港　廃車

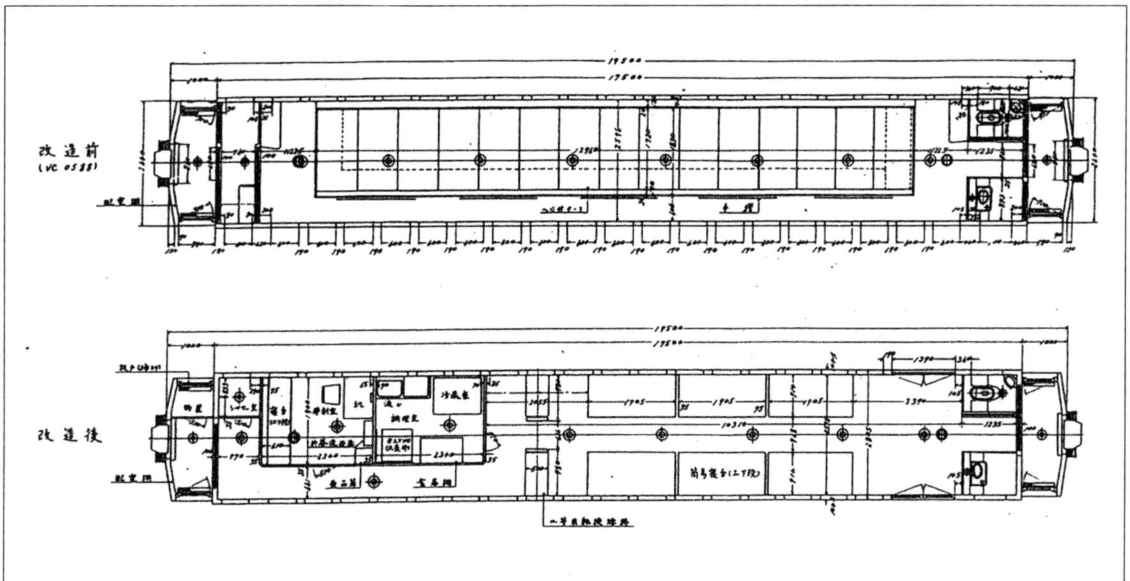

スヘフ30（上）・スヘ31 13（中）平面図

▲スヤ26（スヤ51 16）。車体標記が読めないのが残念である。
1950.1.30 博多
P：江本廣一

◀オヤ31 21。オヤ31形に改造当初の姿である。
1958.3.29 鳥栖
P：佐竹保雄

◀九州旅客鉄道オヤ31 21。近年の姿で、ベンチレータの撤去と側扉の増設が行われている。
1991.9.7 門司港
P：藤田吾郎

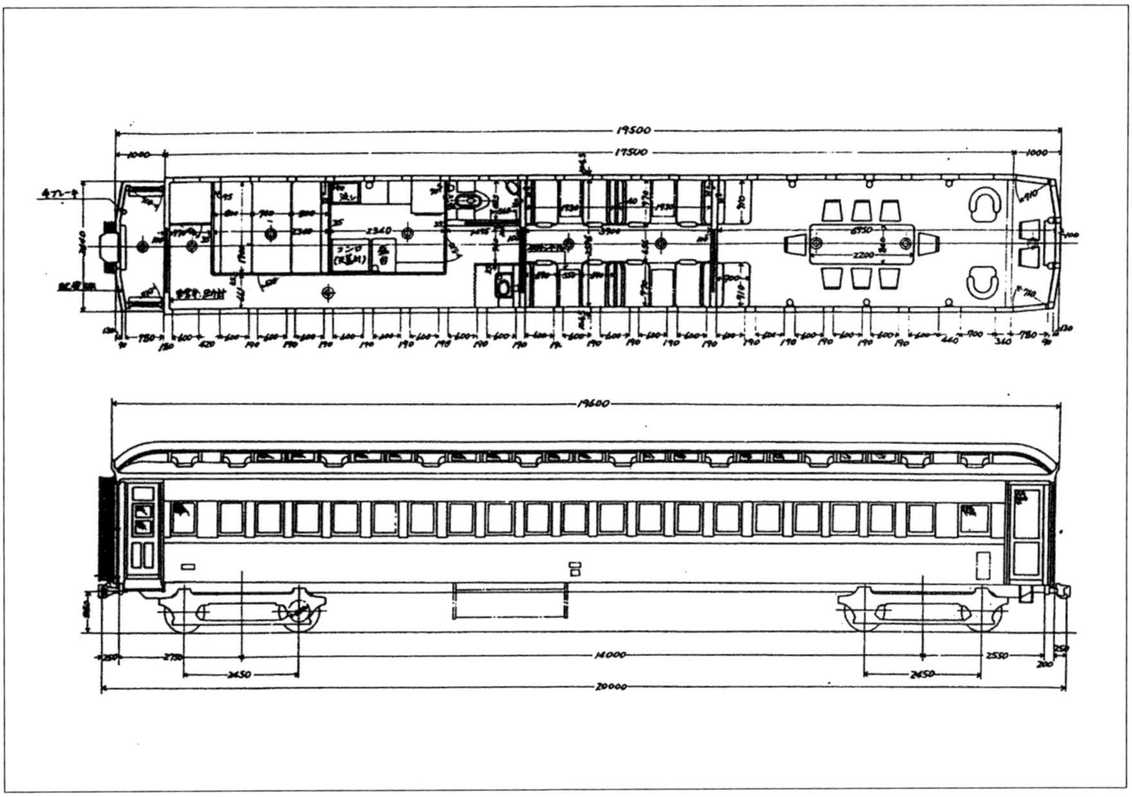

スヤ51 16形式図

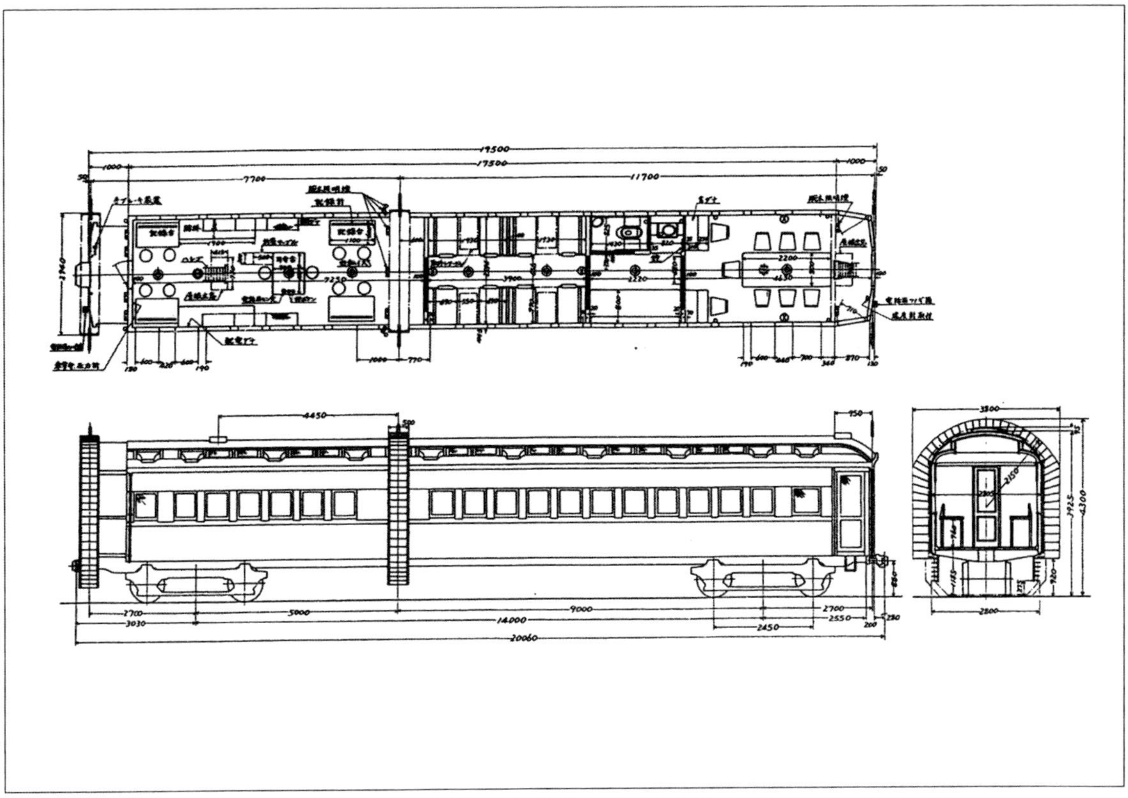

オヤ31 21形式図

スヤ27（スヤ51 17）新鉄用

本車は1938（昭和13）年新製のスハ33145が始まりである。1941（昭和16）年にスハ32 482に改番されている。1946（昭和21）年に軍接収により酒保車スミ42 2となり、三等座席は全て撤去され、販売店となった。この時前位側に寝台が設けられている。1949(昭和24)年には軍用車の番号変更の見直しがあり、オミ42 2に変更されている。

1950（昭和25）年の特別職用車へ改造では、この寝台が生かされ、さらに寝台増設、後位側に会議室・展望室設置が行われている。本車も写真等が発見されておらず、どのような顔立ちであったか不明である。

1953（昭和28）年にはスハ32 432に復元され、他車に混じってまっとうな車歴を歩むこととなる。すなわち電気暖房装置設置によりスハ32 2432、荷物車に改造されマニ36 2100、そして救援車に改造されオエ61 305となり、新鶴見貨車区に配属されていた。このように首都圏で最近まで見ることができたものの、その面影を偲ぶことは、他の復元車と同様困難であった。

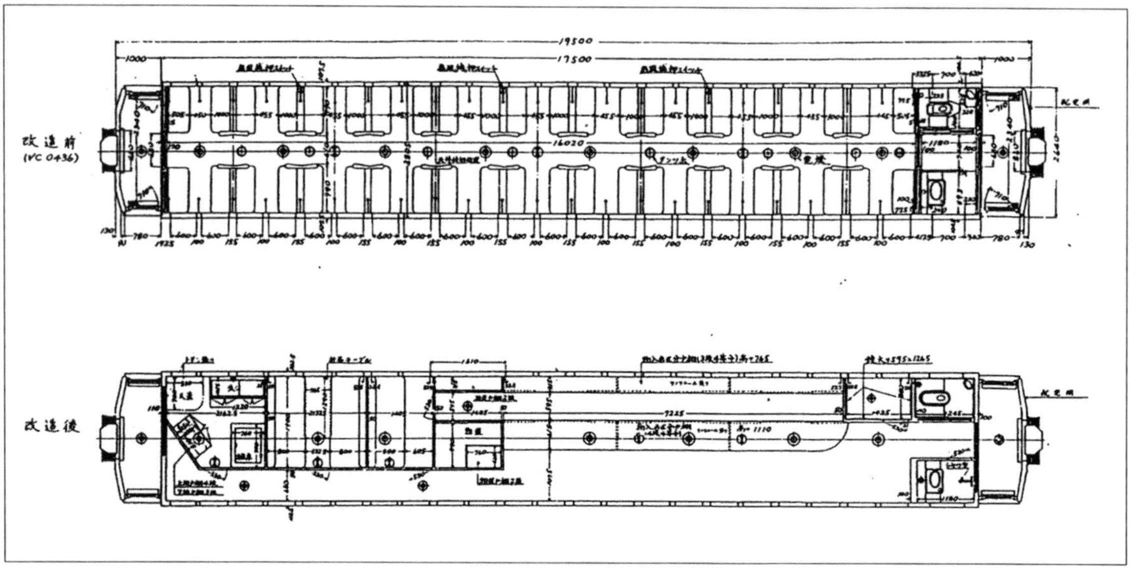

スハ32（上）・オミ42 2（下）平面図

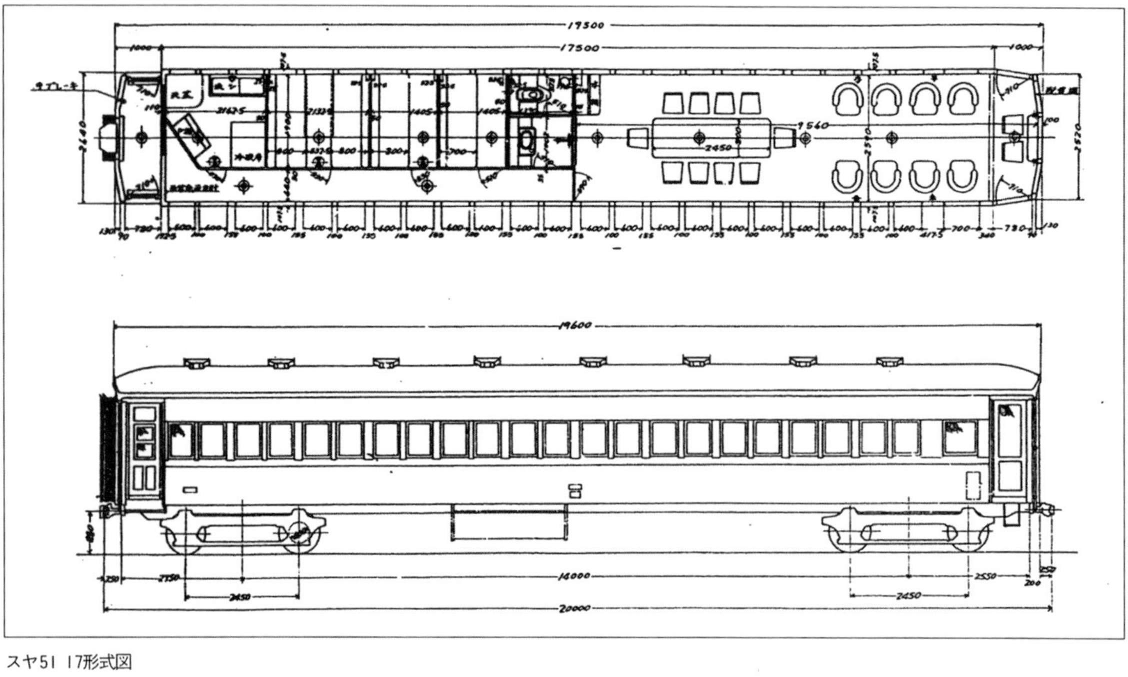

スヤ51 17形式図

■車歴

1938.4　スハ33145　新潟鉄工所新製　スハ32800形

1941.10　スハ32 482　改番

1946.11　スミ42 2　小倉工改造

酒保車、軍番号2720、軍名称BELFAST

1949.6　オミ42 2　改番　上記不変

1950.3　スヤ27（スヤ51 17）　長野工改造

1953.2　スハ32 482　土崎工改造

1961.6　スハ32 2482　改造

1969.10　マニ36 2100　多度津工改造

1980.10　オエ61 305　大宮工改造

1987.2　廃車

▶マニ36 2100。このような改造荷物車1輌に複雑な経歴が潜んでいたが、現車には何も面影はない。
1976.4　大館　P：沼田 真

オヤ28（オヤ50 11）仙鉄用

本車は特別職用車のなかでも唯一17ｍ車である。生まれはオハ31系に属するオロ41703で、転換式クロスシートを有している。1928（昭和3）年の改番でオロ30603、1941（昭和16）年の改番でオロ31 2となる。番号がずれ込むのはオロ30600・30601の2輌だけはオロ30形に区分されたからである。1946（昭和21）年に軍接収により特別車となり、車内は全面的に改装され、区分個室・会議室・調理室が設けられ、番号もオイ30 1に変更されている。翌年には軍用2次改造により、区分個室内に1等寝台4台が設けられている。このような経歴から17ｍ車でありながら特別職用車の種車として抜擢されたのであろう。

オヤ28（オヤ50 11）。地方局の特別職用車でありながら展望部分がわかる大変貴重な写真である。国鉄番号オヤ50 11は隅に書かれている。また屋根に観測窓らしきものが見える。
1950.9.15　仙台　P：菅野浩和

オヤ28（オヤ50 11)。調理室部分のトルペード形ベンチレータが目を引く。　1952.3.16 仙台 P：瀬古龍雄

特別職用車として改造では再び大改造となり、前位側から展望会議室、寝台、調理室が設置されている。また未確認であるが、天井に観測窓が付いていたという説があり、図面では確認できないものの、1950（昭和25）年撮影の写真では確かにそれらしき物が見える。ただし、この部分は調理室であり、排気口とも考えられる。1952（昭和27）年撮影の写真では撤去されている。

1952（昭和27）年にはオロ31 2に復元され、1961（昭和36）年には格下げによりオハ27 2となり終始尾久客車区に配置されていた。

■車歴

1928.1　オロ41703　日本車輌新製　オロ41700形

1928.3　オロ30603　改番　オロ30600形

1941.3　オロ31 2　改番

1946.2　オイ30 1　大宮工改造

特別車、軍番号1718、軍名称WORCESTER

1947.3　オイネ33 1　大宮工改造

特別車、軍番号・軍名称不変

1950.3　オヤ28（オヤ50 11）　大宮工改造

1952.6　オロ31 2　長野工改造

1961.10　オハ27 2　大宮工改造

1963.8　廃車

オロ31 2。復元後の姿で、1952～1961年の間の撮影。展望室があったのは写真とは反対側で、少なくともこちら側からはかつての証はまったく見られない。　P：鈴木靖人

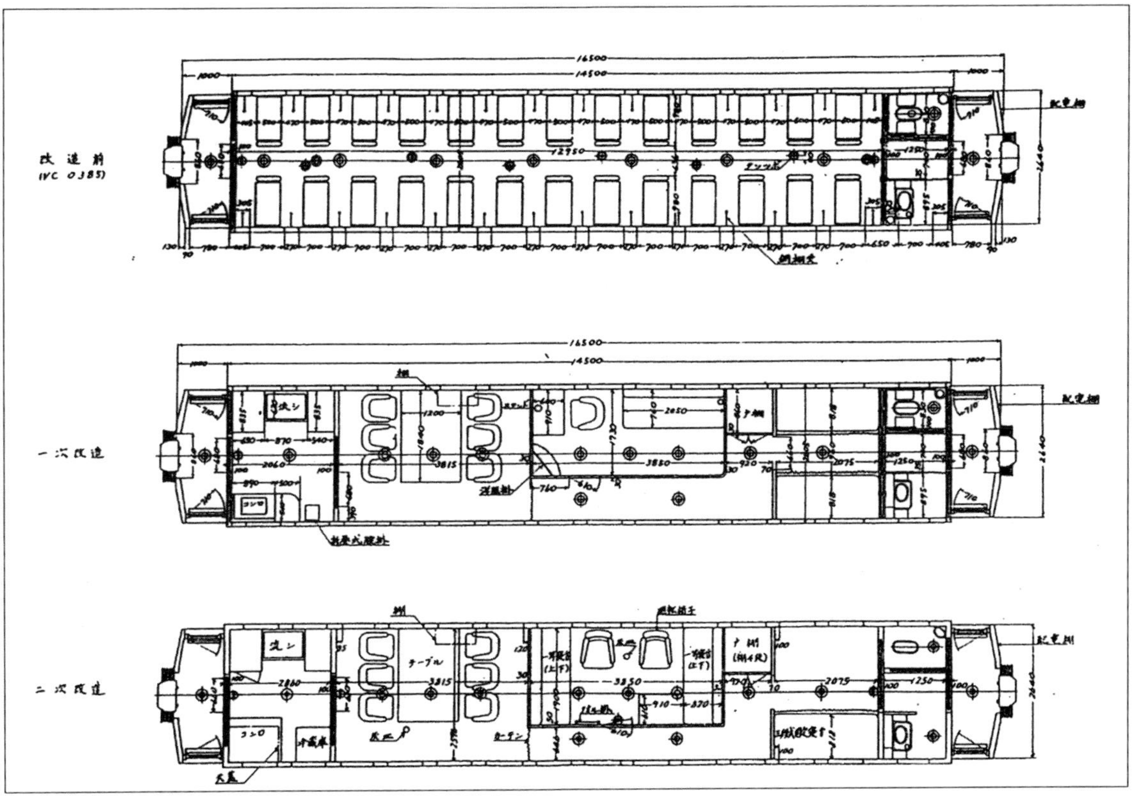

オロ31（上）・オイ30 1（中）・オイネ33 1（下）平面図

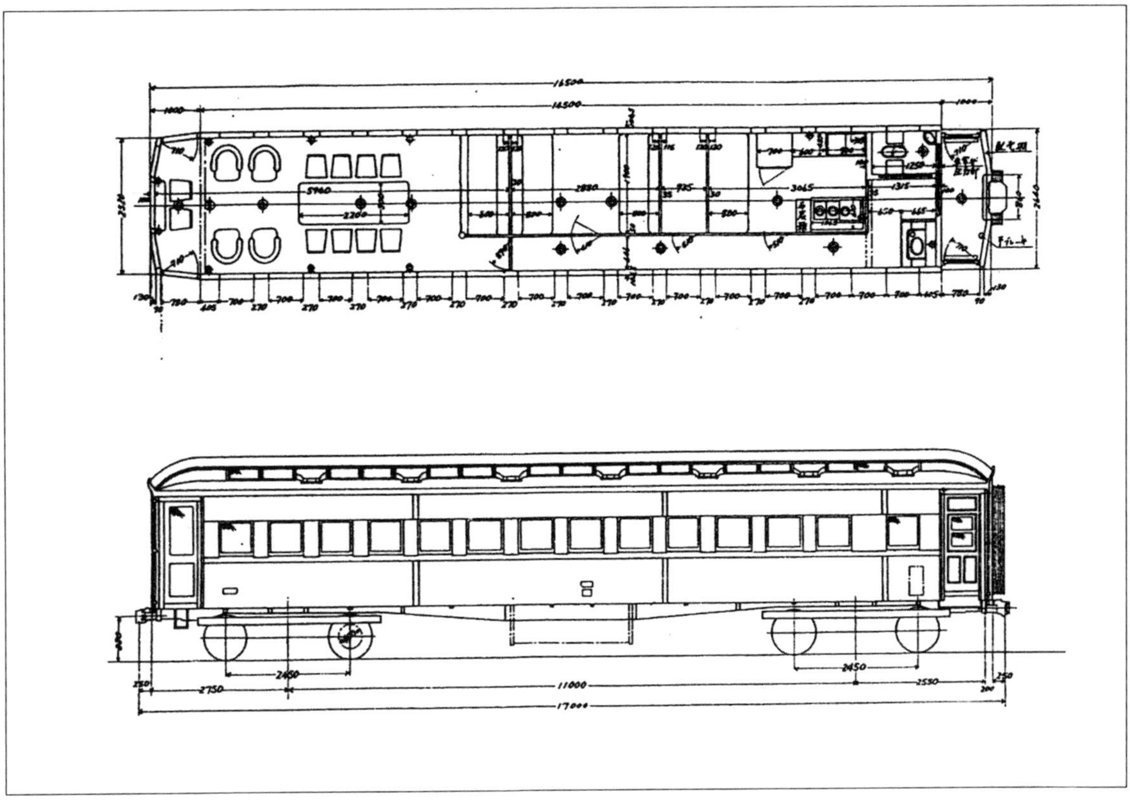

オヤ50 11形式図

スヤ32 1。試験車時代の姿である。無線アンテナの試験中であろうか。　1956.9.12　室蘭　P：佐竹保雄

スヤ29（スヤ51 18）札鉄用

本車のスタートは1925（大正14）年製のスハ32702である。1941（昭和16）年改番でスハ32 103となっている。1946（昭和21）年に軍接収により、特別車オイ31 15に改造され、区分個室・調理室とともに大変広い会議室が設けられる。翌年には軍用二次改造により再び大幅な変更があり寝台も設けられてオイネ31 51になっている。

その使命を終えると1950（昭和25）年にスヤ29（スヤ51 18）に改造されている。車内設備は展望室を除けば似た構成であるが、展望室部分に会議室があるため、レイアウトが大幅に変更されている。内部の様子はJREAニュースに詳しいので、これを引用する。翌年、会議室が手狭なためこれが展望室側に移設されている。

JREAニュース　1950年5月1日
「札鉄にできたインスペクションカー」

今度札鉄局に新たにできたインスペクションカーは、この1月から活躍しているが、このインスペクションカーの役割はどんなものかというと、機構改革で、従来の鉄道局から資材・営業・経理・自動車の部門が除かれて、鉄道の輸送を専門とする鉄道管理局となったため、鉄道は従来の鉄道局長のように、ともすれば雲の上の人となって現場から遊離するという弊害を避けるため、自ら現場に乗り出して輸送の実態を把握し、随時現場関係者と会議して輸送効率の向上を図ったり、現場の直接指導をもしようとするのに、このインスペクションカーを役立てようというものである。

この車は東鉄所属のオイネ31 51号車を、車輌局の設計にしたがって五稜郭工場で改造したもので、従来は進駐軍の専用車に使われていた。今度手を加えているのは寝台の部分だけで、その他はほとんど元のままである。車の最後部が展望室となっているのがインスペクションカーの特徴で、ここをガラス張りにして、ここで局長が関係者の説明を聞きながら線路の状態、橋梁の様子等をインスペクトしつつ管内を回るのである。窓際に引出机があるから、記録を作ることもできる。

展望台を出て前方右側が廊下、左側が局長室・随員室で、局長室は大体4畳半位、右手がソファ兼用の寝台、左手に机を配してある。隣の隋員室は上下2段、部屋の左右が寝台となっている。廊下を通り抜けると次が会議室で、巡検の先々で現場長・関係者との打ち

JREAニュース（1950年5月1日）より。

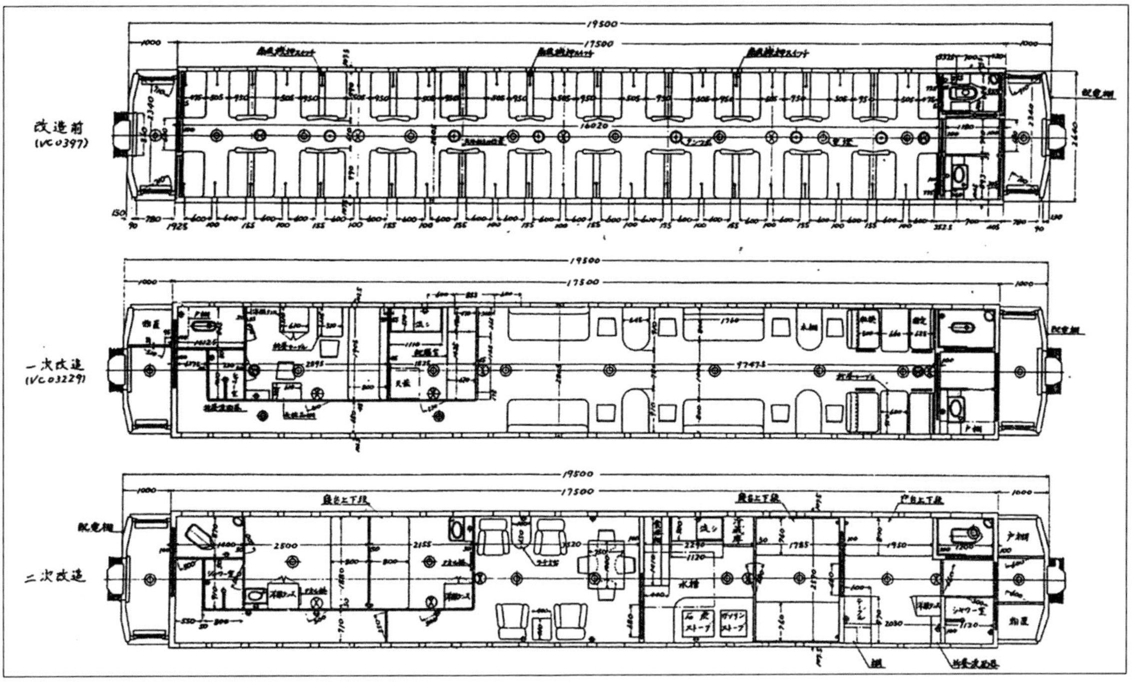

スハ32（上）・オイ31 15（中）・オイネ31 51（下）平面図

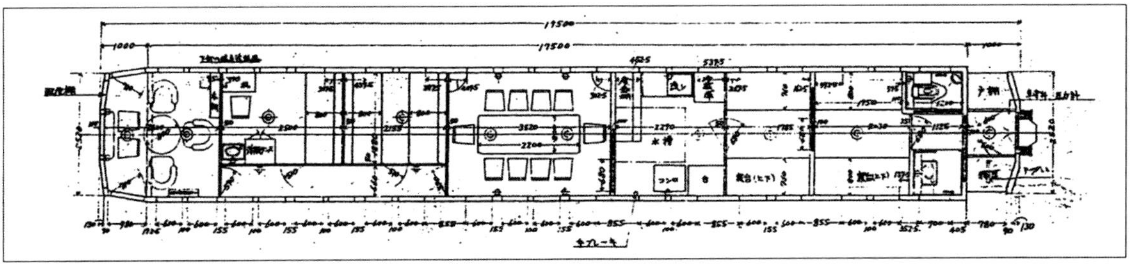

スヤ51 18（当初）平面図

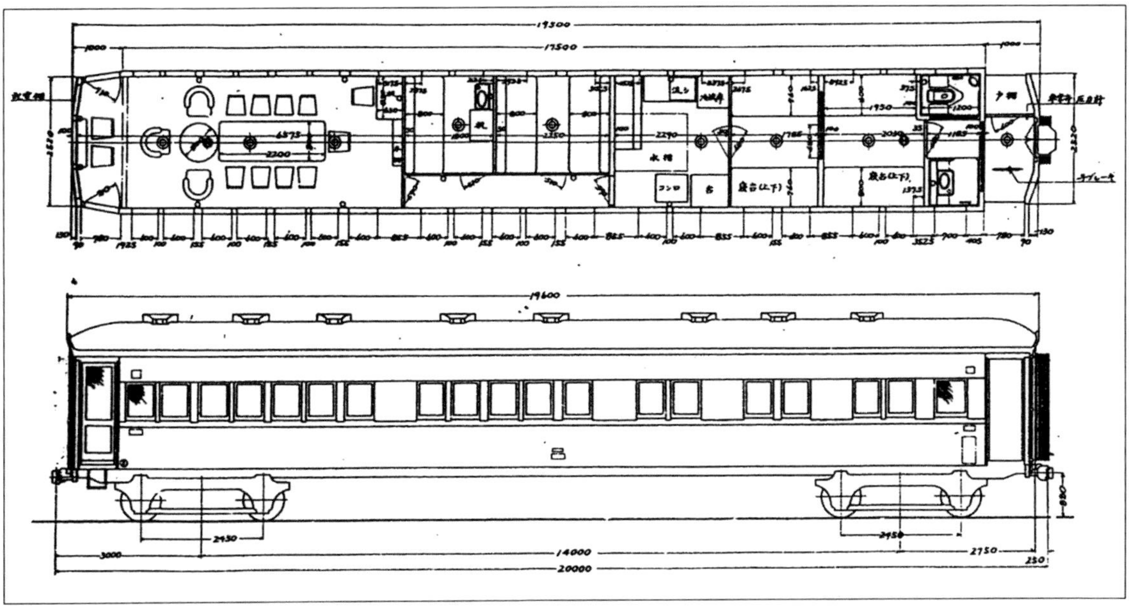

スヤ51 18（車内改造後）形式図

合わせ、状況聴取等にあてられる。会議室の次が調理室。コンロ・流し・冷蔵庫等の設備もあり、巡視中の食事は一切ここで準備される。調理室の前部は真中が廊下、左右が上下２段ずつ２部屋寝台となっていて、８人泊まれるようになっている。

1953（昭和28）年、特別職用車としての使命を終えると試験車スヤ32 1に改造された。これは試験車とはいっても試験機器を搭載するだけの控車であり、マヤ3（マヤ57 1）→マヤ37 51や、次のスヤ30（スヤ51 19）→スヤ32 2と同様であったと考えられる。これについては図面がないためはっきりしないが、1955（昭和30）年９月１日付の東営旅第1498号には「特別車等を貸切扱とする場合の旅客運賃料金の適用方について」があり、「特別車等を貸切扱とする場合は別に定めた旅客運賃料金を適用し取り扱いをすることとされたい。寝台付き事業用車スヤ32 1、スヤ32 2、マヤ38 51を営業車として貸切扱する場合は別に定めた寝台料金を適用す

スヤ32 1。保健車として改造後であるが、外観は試験車時代と変わらない。1965年頃の撮影と思われる。　P：鈴木靖人

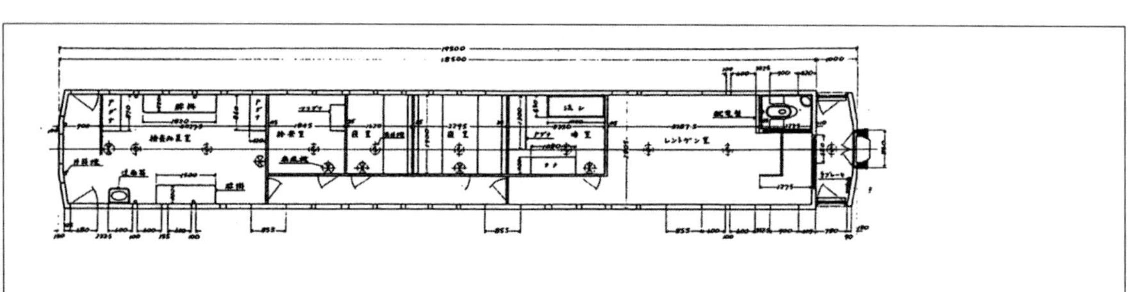

スヤ32 1・2形式図

る」とある。つまり特殊営業にも使用できる試験車であり、職用車に近い。

1961（昭和36）年には保健車に改造されている。このときの図面は次項で説明するスヤ32 2とともに１枚にまとめられているが、ダブルルーフであるのは本車だけである。なお、この改造は２輌とも1967年度という記録もあるが、よくわかっていない。当車は1977年の廃車まで札幌に配置されていた。最後まで展望室窓が残り、事業用車の中でも大変異色な存在であった。

■車歴

1925.3　スハ32702　汽車東京新製　スハ32600形
1941.10　スハ32 103　改番
1946.7　オイ31 15　名古屋工改造
　巡察車、軍番号2808、軍名称RED BIRD
1947.6　オイネ31 51　盛岡工改造
　特別車、軍番号1724、軍名称LORAIN
1950.1　スヤ29（スヤ51 18）　五稜郭工改造
1953.3　スヤ32 1　旭川工改造
1961.3　五稜郭工改造　車内改造
1970.11　旭川工
　車内改造、機器の更新と思われる
1977.1　廃車

スヤ30（スヤ51 19）旭鉄用

本車のスタートは1937（昭和12）年製のスハ32919である。1941（昭和16）年改番でスハ32 256となっている。戦後、GHQ経済科学局の要請で北海道地区視察用の石炭調査団専用車が準備され、本車は1948（昭和23）年スイネ34 1に改造された。石炭調査団専用車についてはスヤ5（スヤ34 2）でも触れているが、当車もやはり中央の会議室のほか、寝台と調理室を備えている。

そして、その使命を終えると1950（昭和25）年にスヤ29（スヤ51 18）に改造されている。本車では旭川鉄道管理局用であるが、釧路鉄道管理局でも兼用する様、指定されている。翌年、会議室が手狭なためこれが展望室側に移設されている。

1953（昭和28）年、特別職用車としての使命を終えると試験車スヤ32 2に改造された。その後の経緯は前述のスヤ29（スヤ51 18）と大体同じである。1961（昭和36）年に保健車に改造、1967年に車内改装があり、1976（昭和51）年廃車となるまで旭川客貨車区に配置されていた。

スヤ32 1。1970年の車内改造後の姿で、青塗色になったほか、側窓が一部塞がれ、またHゴム固定式となっている。　1971.6.6　P：伊藤威信

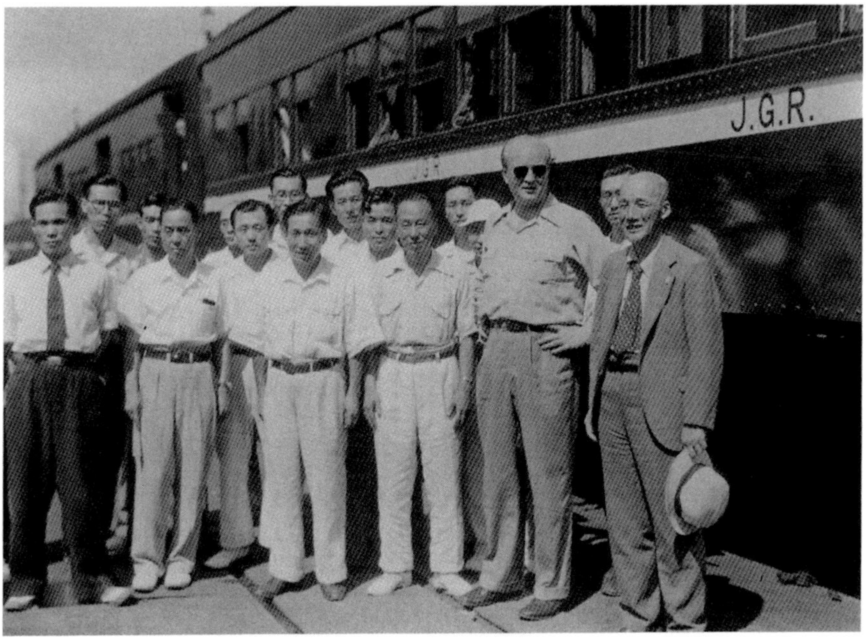

▶スイネ34 1落成記念、石炭庁への貸し渡し時。等級帯には国鉄が公共企業体として発足する以前の略称であるJGR（GはGovernmentの略）の標記が見える。
1948.8.9 品川　所蔵：星 晃

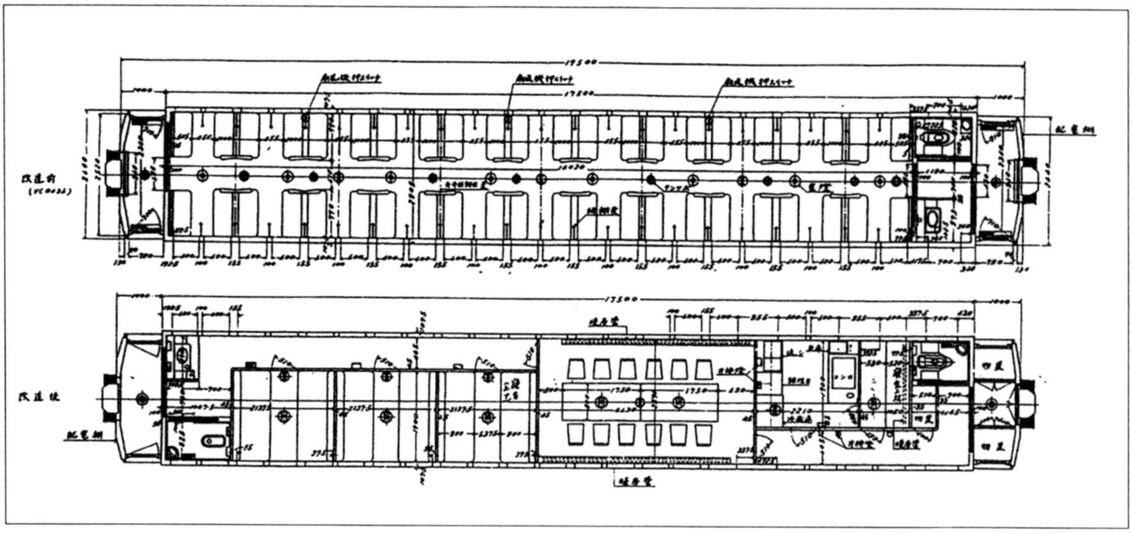

スハ32（上）・スイネ34 Ⅰ（下）平面図

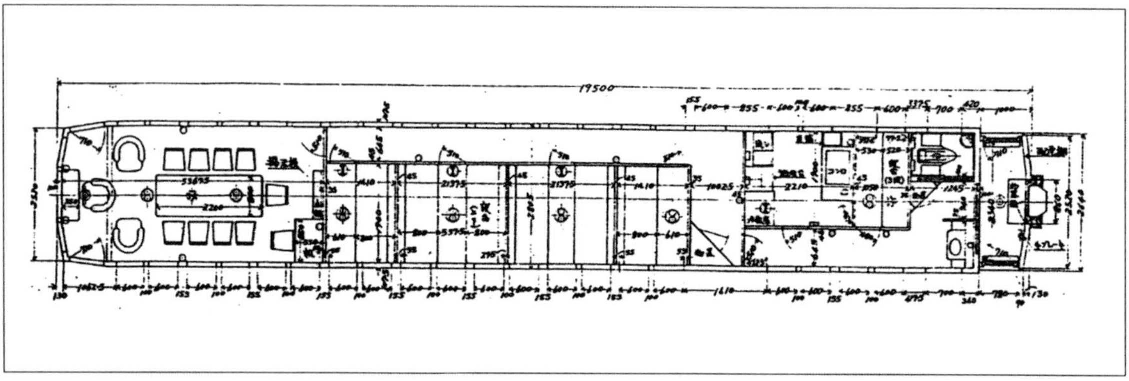

スヤ34 Ⅰ（会議室移設当初）平面図

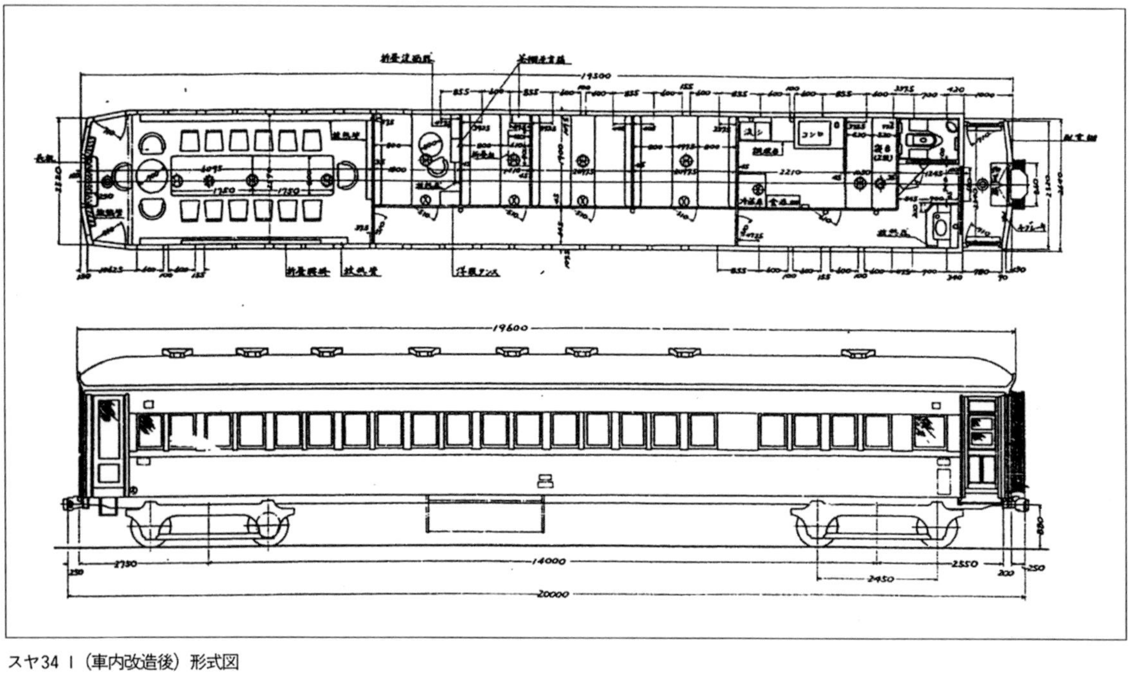

スヤ34 Ⅰ（車内改造後）形式図

スイネ34 1。北海道地区の石炭調査団専用車。　P：日本国有鉄道（『日本の客車』より転載）

スヤ32 1。試験車時代の姿。　1956.9.15　旭川　P：佐竹保雄

スヤ32 2。保健車に改造後の姿。　1962.7　旭川　P：葛　英一

スヤ32 2。車内改造後の姿。このとき青塗装化とストーブ設置がされている様だ。　1974.10.7 旭川 P：富樫俊介

なお余談ながら、釧路にいたナハ23875について触れておきたい。当車は妻面に窓が付き、RM LIBRARY58『昭和29年夏北海道私鉄めぐり（下）』（青木栄一）の46頁には留置線で何らかの目的に使用中の写真が掲載されている。事業用車代用であることは間違いないが、目的は何であろうか。床下の水タンクを見ると長距離移動にも使用される車輌であることがうかがい知れる。ひょっとするとスヤ29（スヤ51 18）が兼用でしかあてがわれなかった釧路局が、独自に準備した特別職用車ではなかったのではないかと推測しているが、いかがであろうか。

■車歴

1937. 1	スハ32919　汽車東京新製　スハ32800形
1941. 10	スハ32 256　改番
1948. 8	スイネ34 1　大宮工改造
1950. 8	スヤ30 （スヤ34 1）　大宮工改造
1951. 3	スヤ51 19　五稜郭工改造
1953. 3	スヤ32 2　旭川工改造　保健車
1961	五稜郭工改造
1967	五稜郭工改造 車内改造、機器の更新と思われる
1976. 2	廃車

ナハ23875。釧鉄局独自の特別職用車か？ 写真は鋼体化改造車マニ60 432の種車として富士重工に回送中の姿。　1955.8.10 長町操 P：江本廣一

特別職用車による輸送

輸送については『鉄道終戦処理史』に詳しいので、これを引用する。この視察列車の輸送は、第3鉄道輸送司令部の要請により、輸送番号も「米○○番」として一般軍輸送とととともに行われていた。しかし、CTSから直接要請されることもしばしばであったので、1948（昭和23）年2月からは渉外事務局へ直接要請されることに統一された。輸送番号も「渉○○番」と改められ、関係者は「渉輸送」と呼んだ。1950（昭和25）年10月になり、ようやく規定が整っている。

連合軍総司令部関係者および外国賓客等の特別職用車による輸送について　昭和25年10月７日公報

特別職用車使用心得（昭和25年10月総裁達第575号）第３条の規定により連合軍総司令部（CTS）関係および外国賓客等の国鉄旅行に際し、特別職用車を使用する場合の取り扱いを次のように定め、昭和25年10月１日から適用する。

１、輸送番号

輸送申し込みの順に番号を付し、その上に「渉」の１文字を冠する。

２、使用客車

この輸送に使用する客車は、本庁主管特別職用車とし、場合により運輸支配人主管特別職用車を使用することもある。

注　本庁主管特別職用車は現在次のとおりである。（略）

３、客車の運用

運用については運輸総局輸送局で行う。

４、客車用品

この客車に使用する客車用品の取り扱いについては、特に指示する場合を除き営業用客車と同一とする。

５、調理関係

調理に関する一切の事項は国鉄と調理関係者との間において、契約するものとする。

６、石炭の準備

調理のため使用する石炭については、資材局からその都度指示する。

７、検査、清掃、警護、暖冷房および給水その他については、特別軍用輸送客車に準じて取り扱うものとする。

８、電源設備については、前号にかかわらず連合軍専用客車および渉外輸送列車の電源手配方について（昭和25年６月９日総渉254号）による。ただし、この設備に要した経費は、その都度これを施設局長に報告するものとする。

マヤ３（マヤ57 1）時代の密閉式展望室がそのまま残ったマヤ38 51の前面。　P：鈴木靖人

９、本庁主管特別職用車を改造、修繕その他のために工場に入場させるときは、運輸総局車輌からその都度関係箇所に通報する。

以下の表は渉輸送の実績一覧表である。本庁用の６輌は頻繁に使用されているが、地方局の10輌についてはスヤ21（スヤ51 11）とスヤ27（スヤ51 17）を除いて実績がない。地方局独自の判断により利用されたかどうかは不明である。

渉輸送として最も重要視されたのは1950（昭和25）年７月に運転された渉108視察列車である。アメリカICC運輸委員長ジョンソン氏が来日し、CTSミラー大佐、同シャノン中佐、国鉄総裁、同渉外部長などとともに特別職用車と寝台車計４輌によって、関西・中国地方を３日間に渡り視察した。

次に長期に渡ったのは、1948（昭和23）年８月に運転された渉15視察列車である。クレイボー氏一行による北海道地区の視察が行われ、国鉄側からは施設局長、停車場課長などが同行しての14日の工程であった。

本庁主管のスヤ１（スヤ51 1）は総裁用として整備されたが、総裁は一度も乗車したことがなく、CTSミラー大佐と同シャグノン中佐、極東技術団ハザウェイ氏、国連極東委員会鉄道部長シゥアディー氏などにより使用された。

渉輸送実績一覧表

輸送番号	所属氏名	使用車	発日	発駅	着日	着駅	行程(視察ほか)
米94	CTS Mr.ウッド	スイテ47 1	1947.5.24	東京	1947.6.2	上野	古間木～青森～函館～札幌～釧路～網走～川上～旭川～室蘭～秋田
米431	CTS Mr.クレイボー	スイテ47 1	1947.6.29	東京	1947.7.3	東京	米原～岐阜～沼津～東京
米87	CTS Mr. デグロート	スイテ47 1	1948.1.3	東京	1948.1.8	東京	青森
米151	CTS Mr. デグロート	スイテ47 1	1948.1.10	東京	1948.1.11	門司	
米444	CTS Mr. デグロート	スイテ47 1	1948.2.24	東京	1948.3.4	上野	浜松～名古屋～大聖寺～金沢～富山～新潟～長野
渉1	CTS Mr. デグロート,	スヌ6870 スイテ47 1	1948.2.8	東京	1948.2.8	東京	静岡
渉2	不明	スイテ47 1	1948.3.5	上野	1948.3.7	上野	直江津
米809	CTS Mr. グッド	スイテ47 1	1948.4.14	東京	1948.4.16	東京	大阪～名古屋
渉4	CTS Mr.レイ, Mr.リイチャー	スイテ47 1	1948.5.5	東京	1948.5.15	東京	徳山～別府～大牟田～長崎～博多～大阪
渉5	CTS Mr.ミッチャー	スイテ47 1	1948.5.14	東京	1948.5.22	東京	呉～広島～宍道～松江～鳥取～京都～大聖寺～金沢
米94	CTS Mr.ウッド	スイテ47 1	1948.5.24	東京	1948.6.3	上野	古間木～青森～札幌～釧路～網走～東室蘭～函館～秋田～会津若松
渉6	CTS Mt. ミッチェル, Mr. グッド	マロネロ1611	1948.6.5	東京	1948.6.10	新宿	尾久～上野～篠ノ井～松本
渉7	CTS関係者20名	マイネ40 1 (日車より借受) スイテ47 1	1948.6.26	東京	1948.6.27	東京	岐阜
渉8	CTS Mr. シエボー	スイテ47 1	1948.6.29	東京	1948.7.5	敦賀	京都
渉9	米国観光代表16名	マイネ40 1	1948.7.2	東京	1948.7.5	東京	軽井沢
渉11	CTS Mr. オクヂエン	スイテ47 1	1948.7.14	上野	1948.7.16	上野	軽井沢
渉12	CTS Mr.ウッド, Mr レイ	スイテ47 1	1948.7.23	新宿	1948.7.25	新宿	上諏訪
渉13	CTS Mr. クレイボー	スイテ47 1	1948.8.4	上野	1948.8.17	上野	青森～函館～小樽～札幌～石狩沼田～稚内～網走～美幌～弟子屈～釧路～士別～滝川～苫小牧～室蘭
渉14	CTS Mr.グッド	マイネ40 13	1948.8.11	新宿	1948.8.16	新宿	松本
渉15	CTS Mr.グッド	スイテ47 1	1948.10.1	新宿	1948.10.7	新宿	松本
渉16	CTS Mr.グッド, 幹部6名	スイネ39 1	1948.10.23	新宿	1948.10.7	新宿	大月
渉17	CTS col ミラー, col シャグノン	マイネ40 5 スイネ39 1 スイテ47 1	1948.11.5	上野	1948.11.12	上野	仙台～古間木～青森～函館～小樽～札幌～登別～室蘭～秋田～福島
渉18	CTS col シャグノン	スイテ47 1	1948.11.25	東京	1948.11.25	東京	浜松
渉19	CTS col シャグノン	スイテ47 1	1948.12.5	東京	1948.12.8	東京	大阪～宮原操～吹田操～竜華操～和歌山～奈良～京都
渉20	CTS col シャグノン	マイネ40 3 スイテ47 1	1948.12.11	東京	1948.12.14	東京	京都～東舞鶴～敦賀
渉22	CTS col ミラー, col シャグノン	スイネ39 1	1948.12.18	上野	1948.12.21	上野	軽井沢～直江津～富山～伏木～高岡～新潟
渉23	CTS Mr. レイ	マイネ40 2	1948.12.27	上野	1948.12.27	上野	水戸
渉24	GHQ 執務局	スイネ39 1	1949.1.6	東京	1949.1.6	東京	沼津
渉25	CTS col シャグノン, Mr グッド, Mr ブラッドショウ	スイネ39 1	1949.1.6	東京	1949.1.6	東京	沼津～静岡
渉26	CTS col ミラー	スイテ47 1	1949.1.11	東京	1949.1.18	東京	四国～関西
渉27	CTS Mr レイ	スイネ39 1	1949.1.26	東京	1949.2.4	東京	門司～鹿児島～博多～唐津～熊本～戸畑～柳井～広島～岡山～米子～姫路～大阪～金沢～名古屋
渉28	CTS col ミラー, col シャグノン	スイテ47 1	1949.2.5	上野	1949.2.6	両国	成田～銚子～千葉～大網～鴨川～千葉
渉29	CTS col シャグノン	マイネ40 8 スイテ47 1	1949.2.18	東京	1949.2.22	東京	京都～天王寺～新宮～天王寺～四日市～稲沢～名古屋
渉30	CTS Mr クレイボー	スイテ47 1	1949.2.17	上野	1949.2.17	上野	水上
渉31	CTS col シャグノン, Mr レイ	スイネ39 1	1949.2.5	東京	1949.2.7	東京	岐阜～鵜沼
渉32	MRS幹部	スイネ39 1	1949.3.13	東京	1949.3.13	東京	静岡
渉33	CTS col シャグノン, Mr レイ	スイネ39 1	1949.3.18	東京	1949.3.21	東京	大阪～名古屋
渉34	CTS col ミラー, Mr ブラッドショウ	スイネ39 1 スイテ47 1	1949.3.21	東京	1949.3.28	東京	博多～有田～大牟田～八代～鹿児島～都城～油津～宮崎～別府～苅田
渉35	CTS Mr ウッド	オイネ1723	1949.3.26	福島	1949.3.26	福島	米沢
渉37	CTS col シレスピー, Mr リチャード	スイネ39 1	1949.4.15	東京	1949.4.16	東京	京都
渉38	CTS col ミラー, col シャグノン	マイネ40 1 スイテ47 1	1949.4.18	東京	1949.4.22	東京	相生～広島～松江～広島～岩国～米子～西舞鶴～京都
渉40	CTS col シャグノン, Mr グッド	スイネ39 1	1949.5.18	上野	1949.5.28	上野	沼田～水上～土樽～湯沢～石打～浦佐～小出～越後川口～長岡～来迎寺
渉42	CTS col シャグノン	スイネ39 1	1949.5.28	東京	1949.5.31	東京	大阪～名古屋
渉44	CTS Lt col ギルスピー, Mr リチャード	スイテ47 1	1949.6.6	東京	1949.6.8	東京	神戸
渉45	CTS col シャグノン, Mr レイ	スイネ39 1	1949.6.16	東京	1949.6.22	東京	宇野～高松～松山～吉野生～高知～阿波池田～宇野
渉46	CTS col ミラー, col シャグノン	マイネ40 2 スイネ39 1	1949.6.25	上野	1949.6.28	上野	十日町～小千谷～新津～会津若松～福島
渉47	CTS Mr グッド	スイネ39 1	1949.7.21	新宿	1949.7.29	新宿	松本
渉48	CTS Mr ウッド	スイテ47 1	1949.7.26	上野	1949.7.29	新宿	松本
渉49	CTS Mr レイ	スイテ47 1	1949.7.31	上野	1949.8.4	上野	郡山～仙台～盛岡～黒沢尻～横手～秋田～新津～長野
渉50	CTS col ミラー, col シャグノン, Mr リチャード	マイテ39 1 マイネ40 2 スイテ47 1	1949.8.9	上野	1949.8.19	上野	青森～札幌～留萌～稚内～網走～美幌～弟子屈～釧路～根室～札幌
渉51	CTS Mr グッド	マイネ40 2	1949.8.22	上野	1949.9.2	上野	青森～函館～森～小樽～札幌～深川～留萌～旭川～名寄～遠軽～北見～美幌～網走～釧路～根室～池田～新得～苫小牧～千歳～室蘭～礼文～長万部
渉52	CTS Lt col ギルスギー, Mr リチャード	スイテ47 1	1949.9.16	東京	1949.9.16	東京	静岡
渉53	CTS Mr グッド	スイネ39 1	1949.9.16	新宿	1949.9.23	新宿	松本
渉54	CTS Lt col ラーヤリー, Mr クレイボー, Mr レイ, Lt col レアーマン	マイネロ37 1 スイテ47 1	1949.9.20	上野	1949.10.2	上野	青森～函館～小樽～札幌～遠軽～北見～網走～弟子屈～標茶～根室～釧路～帯広～岩見沢～追分～室蘭～函館～酒田～新津～郡山～山形～仙台
渉55	CTS Lt col レアーマン, col ミラー, col シャグノン	マイネ40 2 スイネ39 1	1949.9.23	東京	1949.9.27	東京	岐阜～富山～七尾～輪島～金沢～敦賀
渉56	GHQ Gen ポップ	オイネ1722 (オイネ31 42)	1949.10.3	上野	1949.10.3	上野	軽井沢

輸送番号	所属氏名	使用車	発日	発駅	着日	着駅	行程（視察ほか）
渉57	MRS col アンダーソン, col ベッケンバック	マイネ40 6 スイテ47 1	1949.10.8	東横浜	1949.10.8	東横浜	新宿～甲府～八王子
渉58	CTS Mr クレイボー	スイテ39 1	1949.10.28	上野	1949.10.30	上野	新潟～新津～酒田～新庄～山形～仙台
渉59	CTS Mr クレイボー, TS クレイボー, May パワー	マイテ47 1	1949.10.11	上野	1949.10.17	上野	花巻～柏木～盛岡～松草～好摩～毛馬～大館～川部～新庄～小牛田～郡山～水戸～友部～小山
渉60	CTS Mr ブレーデン	ロハ×1	1949.10.16	日光	1949.10.16	日光	
渉61	GHQ ESS 30名	スイテ2103 スシ2012 スイテ2102	1949.10.30	上野	1949.10.30	上野	沼津 ※スイテ2103（スイテ49 2), スシ2012（スシ39 3), スイテ2102（スイテ37 1)
渉63	GHQ CTS col ミラー	マイネ40 4 マイテ47 1	1949.10.25	上野	1949.10.30	上野	京都～西舞鶴～宮津～米子～境港～出雲今市～下関～西宇部～呉
渉65	MRS col マン	マイネ40 14 マイテ47 1	1949.11.1	東横浜	1949.11.1	東横浜	大宮
渉66	CTS col シャグノン	スイネ39 1 マイテ47 1	1949.11.5	上野	1949.11.6	旭川	釧路～札幌に滞在　帰路現地指示
渉68	CTS Mr グッド	スイネ39 1	1949.11.29	東京	1949.12.1	東京	浜松～沼津
渉69	CTS col ミラー	スイネ39 1 スイテ47 1	1949.12.10	新宿	1949.12.13	東京	八王子～塩尻～名古屋～西宇部～広島～呉
渉70	CTS Mr レイ	スイネ34 2	1949.12.9	東京	1949.12.12	東京	浜松～鷲津～浜松
渉71	Mr グッド	スイネ39 1 マイテ47 1	1949.12.14	上野	1949.12.16	上野	越後川口～十日町～小千谷
渉72	CTS col ミラー, tcol ラリー, Mr シャグノン, Mr レイ	マイネ40 7 スイネ39 1 スイテ47 1	1950.1.14	東京	1950.1.21	東京	宇野～高松～多度津～高知～影野～岡山～姫路
渉73	Mr クレイボー, CTS Maj ブラントリー	スイテ37 2 (2104)	1950.1.23	上野	1950.1.28	上野	新潟～新津～村上～秋田～宇都宮 ※スイテ37 2は2102, スイテ37 1は2104で誤植か？
渉74	CTS Mr ブラッドショウ	スイロネ37 2 スイテ47 1	1950.1.28	両国	1950.1.29	千葉	館山
渉75	TMRS Mr カシキ	スイロネ37 2	1950.2.3	上野	1950.2.8	上野	直江津
渉76	CTS Mr シャグノン	マイロネ37 1 スイテ47 1	1950.2.13	上野	1950.2.24	上野	青森～札幌～旭川～滝川～釧路～名寄～音威子府～稚内～旭川～札幌～函館～新津～長岡～越後中里
渉77	CTS Mr ブレイデンバック, tcol グレイフィールド	スイネ39 1	1950.2.13	東京	1950.2.19	東京	宇野～高松～松山～高知～阿波池田～徳島～岡山
渉78	GHQシクラスキークラブ	スロハ31 15	1950.2.10	上野	1950.2.13	上野	直江津
渉79	GHQシクラスキークラブ	スロハ31 15	1950.2.17	上野	1950.2.20	上野	直江津
渉81	GHQシクラスキークラブ	スロハ30 2?	1950.2.24	上野	1950.2.27	上野	直江津
渉82	GHQ ESS総裁招待	スシ47 11 マイネ40 12 マイテ47 1	1950.2.26	東京	1950.2.26	東京	静岡
渉83	CTS ｃｏｌ ベッケンバック	スイネ39 1	1950.3.2	東京	1950.3.3	東京	静岡～名古屋
渉84	GHQシクラスキークラブ	スロニ30 2	1950.3.3	上野	1950.3.6	上野	直江津
渉85	CTS Mr ブラッドショウ	スイネ39 1	1950.3.15	東京	1950.3.18	東京	京都
渉86	GHQシクラスキークラブ	スロハ31 15	1950.3.10	上野	1950.3.10	上野	直江津
渉87	GHQシクラスキークラブ	スロハ31 15	1950.3.17	上野	1950.3.20	上野	直江津
渉88	MRS Maj マーチン	スイロネ37 2	1950.3.23	東横浜	1950.3.26	東横浜	高島～新鶴見操～大宮操～長岡～新潟～高崎～大宮～日光
渉89	GHQシクラスキークラブ	スロハ30 2(?)	1950.3.24	上野	1950.3.27	上野	直江津
渉90	CTS col ミラー, Mr シャグノン	マイネ40 4 スイテ47 1	1950.4.9	東京	1950.4.14	東京	大阪～明石～小郡～米子～倉敷～福山～備後十日町～姫路
渉91	CTS Mr クレイボー	スヤ51 11	1950.4.3	上野	1950.4.4	上野	足尾
渉92	CTS Mr クレイボー	スイテ47 1	1950.3.31	東京	1950.4.2	東京	大阪～名古屋
渉93	GHQ ESS MR シャグノン	スイネ30 2	1950.4.14	上野	1950.4.16	上野	新津～新発田～新潟
渉94	CTS Mr シャグノン, Mr クレイボー, Mr グッド	スイネ39 1 マイロネ37 3 マイテ47 1	1950.4.16	東京	1950.4.23	東京	名古屋～大阪
渉95	CTS Mr ブレーデン, Mr ブレンテンバック, ESS ハリソン	スイネ39 1 スヤ51 11	1950.4.25	東京	1950.5.3	東京	宇野～高松～高知～影野～多度津～宇和島～岡山～大阪～名古屋
渉97	Mr col アンダーソン	スシ37 57 スヤ51 11	1950.5.7	東京	1950.5.7	東京	沼津
渉98	CTS Mr. シャグノン、 MR レイ, Mr クレイボー	スイネ34 2 スヤ51 11	1950.5.21	上野	1950.5.27	上野	新潟～新津～郡山～仙台
渉99	CTS col ミラー, May マーチン, Mr シャグノン	スイネ39 1 オイネ31 1	1950.5.27	東京	1950.5.28	東京	浜松
渉100	CTS col ミラー, Mr シャグノン	スヤ1 スイネ39 1	1950.5.29	上野	1950.6.2	上野	古間木～野辺地～大湊～大畑～青森～川辺～東能代～秋田～福島
渉101	MRS col アンダーソン	スヤ51 11	1950.6.1	上野	1950.6.2	東京	日光
渉102	GHQ ESS Mr アンダーソン	スヤ51 11	1950.6.5	上野	1950.6.7	上野	小千谷～越後川口～十日町～小千谷
渉105	CTS Mr シャグノン, Mr グッド	オイネ31 1 スヤ51 17	1950.6.15	上野	1950.6.22	上野	新潟～新津～津川～郡山～仙台～山形～天童
渉106	CTS Mr クレイボー	スヤ51 17	1950.6.18	新潟	1950.6.18	新潟	新発田
渉108	米国ICC運輸委員長Mr ジョンソン, CTS col ミラー, Mr ジャグノン	マイネ40 7 スイロネ37 3 スイネ39 1 マイテ4 7 1	1950.7.21	東京	1950.7.23	東京	大阪～広島～京都
渉109	国鉄総支配人一行７名	スイネ34 2	1950.7.21	東京	1950.7.28	東京	広島～門司
渉110	GHQ トランスポーテーションクラブ, ESS col ネルソン	マイネ41 7 スロ60 7	1950.7.29	東京	1950.7.29	東京	日光
渉111	CTS Mr シャグノン	スヤ4 マヤ2	1950.9.16	東京	1950.9.24	東京	門司～早岐～佐世保～熊本～鹿児島～大分～広島

輸送番号	所属氏名	使用車	発日	発駅	着日	着駅	行程(視察ほか)
渉112	CTS Mr クレイボー	マヤ2	1950.9.26	上野	1950.10.2	東京	直江津～敦賀～綾部～米子～下関～広島～東城～姫路～大阪
渉113	連合国運輸関係者25名	スシ47 11 マイネ41 12	1950.10.1	新宿	1950.10.1	新宿	甲府
渉114	CTS col ミラー, Mr シャグノン	スヤ6 スヤ2	1950.10.11	新宿	1950.10.14	東京	塩尻～名古屋～姫路～大阪
渉115	CTS Mr シャグノン	スヤ4	1950.10.16	上野	1950.10.24	上野	花巻～釜石～宮古～茂市～花巻～青森～有川～函館～滝川～旭川～滝川～釧路～札幌
渉116	CTS Mr レイ	スヤ4	1950.11.8	東京	1950.11.14	東京	徳山～糸崎～姫路～大阪～鷲津～神戸～大阪
渉117	CTS Lt ポンド	マヤ2	1950.11.28	東京	1950.11.40	東京	佐世保
渉118	CTS Mr レイ	スヤ5	1950.11.30	上野	1950.12.2	上野	石越～花巻～遠野
渉119	CTS MR グッド	スヤ6	1950.12.14	上野	1950.12.16	上野	越後川口～小千谷～十日町～湯沢
渉120	CTS MR グッド, col ミラー, Mr シャグノン, Mr ブレイデンドック	スヤ4 マヤ2	1951.1.7	東京	1951.1.12	東京	京都～東舞鶴～敦賀～金沢～長野～名古屋～静岡
渉121	CTS Mr グッド	スヤ5	1951.1.16	上野	1951.1.24	上野	青森～函館～新津～新発田
渉122	CTS Mr レイ	スヤ4	1951.1.23	東京	1951.1.26	東京	浜松～大阪
渉124	極東技術団 Mr ハザウェイ	スヤ1	1951.2.8	沼津	1951.2.8	沼津	(小田原乗車)
渉125	CTS Mr シャグノン, Mr ブレイデンバック, Mr レイ	スヤ4 スヤ5 スヤ6	1951.2.11	東京	1951.2.15	東京	京都～大阪～福知山～大阪
渉126	兼松外務部長 7名	スヤ5	1951.2.23	上野	1951.2.26	上野	長岡
渉127	CTS col ミラー, Mr シャグノン, Mr リチャード	スヤ4 スヤ2	1951.2.28	東京	1951.3.6	東京	博多～鹿児島～熊本～別府
渉129	CTS Lt col グッド	スヤ4	1951.3.19	上野	1951.3.28	東京	長野～富山～金沢～名古屋～豊山?～浜松～静岡～沼津
渉130	CTS Mr レイ	スヤ4	1951.3.26	東京	1951.4.2	東京	京都～大阪～姫路～新延～大牟田～熊本～大分～小倉～米子～京都
渉131	CTS col ミラー, Mr シャグノン	スヤ6 マヤ2	1951.3.31	東京	1951.4.5	東京	佐世保～伊万里～東唐津～博多～門司～下関
渉132	第8軍将校 MRS 10名	スヤ1	1951.4.1	東京	1951.4.1	東京	静岡
渉133	米国マグナーソン上院議員, CTS col ミラー, 山崎運輸大臣	マヤ2	1951.4.8	上野	1951.4.8	上野	日光
渉134	CTS col ミラー	スヤ4	1951.4.12	東京	1951.4.14	東京	神戸
渉135	CTS Mr シャグノン	マヤ2	1951.4.13	東京	1951.4.16	東京	京都～山田～鳥羽～鷲津～松坂～名古屋
渉136	CTS Mr ブレイデンバック	スヤ5	1951.5.13	東京	1951.5.19	東京	広島～門司～熊本～鹿児島
渉137	CTS col ミラー col バッチェル Mr リチャード	スヤ4	1951.5.15	東京	1951.5.17	東京	名古屋
渉138	CTS col ミラー	スヤ4	1951.5.30	東京	1951.5.30	東京	清水
渉139	MRS 40名	スロ60 19 スシ37 52	1951.5.30	上野	1951.5.30	上野	日光
渉140	TLC Mr コンウェイ	スヤ4	1951.6.9	上野	1951.6.10	上野	日光
渉141	CTS col ミラー	マヤ2	1951.6.10	上野	1951.6.14	東京	日光～東京～名古屋～門司～神戸～大阪
渉142	CTS Mr クレイボー	スヤ4	1951.6.16	東京	1951.6.19	東京	京都～奈良～大阪～京都
渉143	CTS col ミラー	スヤ2	1951.6.24	上野	1951.6.26	上野	仙台
渉145	CTS col ミラー	スヤ6 マヤ2	1951.7.9	東京	1951.7.15	東京	函館～小樽～札幌～室蘭～青森～花巻～釜石～宮古
渉146	国連極東委員会 鉄道部長 Mr シゥアディー	スヤ5	1951.7.11	上野	1951.7.13	上野	福島～青森
渉147	CTS Mr オスモンド	マヤ2	1951.7.15	東京	1951.7.19	東京	名古屋～鳥羽～奈良～京都
渉148	国連極東委員会 鉄道部長 Mr シゥアディー	スヤ1	1951.7.16	東京	1951.7.19	東京	名古屋～京都～長岡
渉149	外国運輸関係一行40名	スシ37 75 スロ51 15	1951.7.15	東京	1951.7.15	東京	沼津
渉150	MRS幹部一行48名	スシ37 57 マロネ29 14 マイネ41 6	1951.7.25	東京	1951.7.26	東京	岐阜
渉151	CTS col ミラー	マヤ2	1951.8.2	東京	1951.8.5	東京	亀山～松坂～紀伊長島～尾鷲～山田～鳥羽～名古屋
渉152	CTS colミラー	マヤ2	1951.8.8	両国	1951.8.9	両国	勝浦
渉154	CTS colミラー, Mr グッド, MRハウサン	スヤ2	1951.8.14	上野	1951.8.19	東京	小千谷～長岡～直江津～富山～高岡～金沢～東舞鶴～京都
渉155	CTS col ミラー	マヤ2	1951.8.27	東京	1951.9.6	東京	神戸～姫路～佐世保～博多～京都
渉156	CTS col ブライデンバック	スヤ4	1951.9.19	東京	1951.9.21	東京	岐阜～亀山～鳥羽～山田～名古屋
渉157	CTS col ブライデンバック	マヤ2	1951.9.19	上野	1951.9.21	上野	小牛田～女川
渉158	外国新聞記者一行12名	スヤ6	1951.9.23	新宿	1951.9.25	新宿	松本
渉159	CTS colミラー	マヤ2	1951.10.9	上野	1951.10.11	上野	一ノ関～気仙沼～盛
渉160	CTS colミラー	マヤ2	1951.10.14	東京	1951.10.18	東京	名古屋～奈良～天王寺～新宮～天王寺～名古屋
渉161	CTS Mr ウッド, Mr ブレイ デンバックcol ハーバード	マヤ2	1951.10.28	上野	1951.10.28	上野	日光
渉162	CTS col ミラー	スヤ1	1951.11.3	東京	1051.11.6	東京	名古屋～奈良～京都～名古屋
渉163	CTS col ミラー	マヤ2	1951.11.10	東京	1951.11.16	東京	宇野～高松～高知～須崎～窪川～徳島～多度津～八幡浜～岡山～姫路～大阪
渉164	CTS col ミラー	マヤ2	1951.11.26	東京	1951.12.5	東京	京都～米子～博多～佐世保～伊万里～東唐津～博多～広島～岡山～京都
渉165	CTS Mr ウッド, col ハーバード	スヤ4	1951.12.16	東京	1951.12.19	東京	呉～広島～大阪～京都
渉167	MRS司令官夫妻	スヤ4	1952.1.7	上野	1952.1.12	東京	金沢～七尾～松尾寺～東舞鶴～米子～大篠津～岡山
渉168	CTS col ミラー, col ロジー, col コックス	マヤ2	1952.2.19	東京	1952.2.23	東京	門司～熊本～三角～川内～鹿児島～山川～宮崎～別府～姫路
渉169	デニング英国大使	スヤ4	1952.2.19	東京	1952.3.3	東京	博多～長崎～鹿児島～熊本～佐賀～門司～広島
渉170	外国交通関係者一向60名	マシ35 1 スロ60 23 スロ60 116	1952.3.2	東京	1952.3.2	東京	静岡
渉171		スヤ4	1952.4.9	東京	1952.4.13	青森	仙台～一ノ関～一戸～古間木～浅虫

特別職用車の終焉

一般市民の目から見たら、復興がある程度進んだ時期とはいえ、このように立派な車輛はだいぶ目立ったようだ。それを示すのが、以下の新聞からの引用である。

■1950（昭和25）年４月１日　中外紙夕刊
（吉田明雄所蔵）
「ボロ車のお客尻目に東鉄局長専用車 冷房付き台所寝台もつく豪華版」
１日東京駅10時３分発鹿児島行き急行列車に写真のようなすばらしい展望車が連結された、ハテ、展望車は〝つばめ〟だけのはずだが？　…とホームの人々が首をかしげたのも道理、これがなんと、このほど出来上がった「東鉄局視察専用車」だという。赤字だ、最低だと騒いでいる国鉄によくもまあこんな車を作ると驚くほかないが、さらに中をのぞいてビックリ、１・２・４名用のきれいな２つの寝台やら冷蔵庫付きの台所まで整備されており、１等展望車に勝るとも劣らぬ豪華版、この日試運転をかねて沼津で開く管内新課長会に出席する片岡課長はじめ、幹部二十数名が、意気揚揚と乗り込んだが、この車必要に応じて特急列車にも連結すると弁解はしているものの、まさか職員パスを召し上げられたのを腹いせに作ったものではあるまい。（写真は専用車に収まった片岡局長ら）

1950年４月１日中外紙夕刊より。

しかし、このような批判があったのも事実であるが、特別職用車には決定的な運命が訪れて消えたというのが正解であろう。1951（昭和26）年９月、対日講和条約が調印され、翌４月に発効されるが、これにより総司令部関係者の利用はなくなった。これにより、せっかく準備された16輌は、大した活躍もなく、流転の途をたどることとなった。1952（昭和27）年４月、これら16輌の特別職用車の転用方法が検討された結果、次のようになった。

スヤ１、マヤ２、スヤ４の３輌は車内設備を変更せず、番号の書き換えが行われて尾久客車区の配置となった。スヤ６も同様に品川の配置となった。またマヤ３、スヤ29、スヤ30の３輌は試験車となるが、内部設備は可能な限り簡素化して、試験車として必要な設備以外は全部撤去の上、番号の書き換えが行われた。スロハ32形へ復元される５輌の処置については、その後北海道用の100番代に変更されている。またスヤ26も建築限界測定用試験車オヤ31 21にその後充当されることとなった。

このように、特別職用車は姿を消していき、わずかに残った事業用車から、そのルーツが知れるだけとなったのである。

最後に、特別職用車の類が過去にもあることを補足として述べておきたい。北海道・幌内鉄道の開拓史専用車（国有化後のコトク5010）、讃岐鉄道の貴賓車（山陽鉄道買収後の2336、国有化後のトク20）など、本稿で取り上げた特別職用車以外にも、似た仲間があった。これらも記憶にとどめておいて良いであろう。

■各特別職用車のその後

特別職用車番号	国鉄番号	改造後の予定番号	備考
マヤ１	オハフ33 49		外人接待用としてそのまま存置
マヤ2	マイテ47 1		同上
マヤ3	マイネロ37 1		試験車に内部変更
スヤ4	スイネ39 1		外人接待用としてそのまま存置
スヤ5	スイネ34 2	スハ33 4	営業用「ハ」に復元
スヤ6	スイロネ37 3	スイロネ37 3	皇太子殿下用スロハ32 67を置き換え
スヤ21	スイネ32 21	スロハ32 20	営業用「ロハ」に原型復帰
スヤ22	スミ36 3	スロハ32 8	同上
スヤ23	スミ36 4	スロハ32 25	同上
スヤ24	スミ36 1	スロハ32 24	同上
スヤ25	オイネ31 21	スハニ32 62	営業用「ハニ」に原型復帰
スヤ26	スヘ31 13	スハ33 5	営業用「ハ」に改造
スヤ27	オミ42 2	スハ32 482	営業用「ハ」に原型復帰
オヤ28	オイネ33 1	オロ31 2	営業用「ロ」に原型復帰
スヤ29	オイネ31 51	スヤ32 1	試験車に内部変更
スヤ30	スヤ34 1	スヤ32 2	試験車に内部変更

おわりに

これで特別職用車の解説を終わるが、冒頭にも記したとおり、当初の発表は1979（昭和54）年である。それから30年近い時間が経過して、さまざまな資料の提供を受けてここにまとめることができた。最初は漠然としていた全体像であったが、写真を見るにつけ、これは客車の履歴のなかでも特異なケースの集合体であることがわかった。名古屋局、広島局、四国局、新潟局の各車については肝心の展望部分の形がわからず、引き続き資料を求めているので、ご存知の方はご教授いただきたい。

とりまとめにあたっては、とりわけ当時の事情について元国鉄副技師長の星 晃氏から種々ご教示いただけた。特に、筆者らは特別職用車を「豪華」と思い込んでいたが、必ずしもその限りではないことを知ることができた。また、タイトル等にも有益なサジェスチョンをいただけた。その他、各種資料は中村光司氏、岡田誠一氏の協力によるところが大きい。さらに客車研究を趣味とするネットワークからは、さまざまな情報や写真をご提供いただき、ここにまとめることができたことに、多大なる謝意を表したい。なお、写真についてはなるべく新規写真を掲載するよう心がけたが、既に発表されていても他に代えがたい１コマも多く、ご容赦いただきたいと思う。

最後となるが、本稿は2005年初頭にはほぼまとまっていたものの、筆者の１人である藤田による進行が遅れ、その間にもう１人の藤井氏が他界されてしまった。この本を霊前に奉げるほかなく、なんとも悔やまれる。研究は早めにまとめることが重要であると、改めて思い知った次第である。

藤田吾郎

●協力者ご芳名
筏井満喜夫、（故）伊藤　昭、伊藤威信、稲葉克彦、江本廣一、岡田誠一、奥野利夫、片山康毅、川喜多新太郎、葛　英一、小池　潤、小松重次、佐竹保雄、菅野浩和、（故）鈴木靖人、瀬古龍雄、千代村資夫、富樫俊介、（故）豊永泰太郎、中村光司、（故）中村夙雄、沼田　真、長谷川弘和、星　晃、三橋克己、宮澤孝一、吉野　仁、吉田明雄、和田　洋（敬称略、50音順）

●参考文献

『客貨車ガイドブック』（誠文堂新光社）
『国鉄重大事故記録』（運転局保安課）
『桜木町日記』（駿河台書房）
『車輌の80年』（日本国有鉄道工作局）
星晃、『回想の旅客車 下』、交友社、1985
日本の客車編さん会、『日本の客車』
日本国有鉄道、『日本国有鉄道百年史』
『100年の国鉄車両』（交友社）
客車クラブ、『リクライニングシート』
鉄道総局工作局、『連合軍専用客車形式図』
そのほか、市販趣味雑誌および同好会資料を参考とした

ARCの国鉄視察特別列車に使用されるマイフ97 1。米原にて停車中、隣の列車からの視線をあびる。　1958.5.17　筏井満喜夫